理论视域下自然灾害普查数据采集、质控与可视化

——以内蒙古为例

王菜林　邹妍　布仁吉日嘎拉　白莉 / 著

吉林大学出版社

·长春·

图书在版编目（CIP）数据

理论视域下自然灾害普查数据采集、质控与可视化：
以内蒙古为例 / 王菜林等著. -- 长春：吉林大学出版
社，2021.10
ISBN 978-7-5692-9325-8

Ⅰ.①理… Ⅱ.①王… Ⅲ.①自然灾害 – 普查 – 数据
处理 – 研究 – 内蒙古 Ⅳ.①X432.26

中国版本图书馆CIP数据核字(2021)第223569号

书　　名：理论视域下自然灾害普查数据采集、质控与可视化——以内蒙古为例
　　　　　LILUN SHIYU XIA ZIRAN ZAIHAI PUCHA SHUJU CAIJI、ZHIKONG YU KESHIHUA
　　　　　——YI NEIMENGGU WEI LI

作　　者：王菜林　邹妍　布仁吉日嘎拉　白莉　著
策划编辑：杨占星
责任编辑：滕　岩
责任校对：张文涛
装帧设计：皓　月
出版发行：吉林大学出版社
社　　址：长春市人民大街4059号
邮政编码：130021
发行电话：0431–89580028/29/21
网　　址：http://www.jlup.com.cn
电子邮箱：jdcbs@jlu.edu.cn
印　　刷：朗翔印刷（天津）有限公司
开　　本：710mm × 1000mm　　1/16
印　　张：9
字　　数：180千字
版　　次：2021年10月　第1版
印　　次：2022年3月　第1次
书　　号：ISBN 978-7-5692-9325-8
定　　价：48.00元

前　言

　　第一次全国自然灾害综合风险普查是习近平总书记亲自出题、亲自部署、亲自推动的重点工程之一。2018年10月10日，习近平总书记主持召开中央财经委员会第三次会议，就提高自然灾害防治能力发表了重要讲话，部署实施自然灾害防治九项重点工程，将"实施自然灾害综合风险普查和重点隐患排查工程"作为提高自然灾害防治能力"九项重点工程"的第一项也是基础性工程，全国自然灾害综合风险普查作为该项工程的核心工作，具有基础性、综合性、创新性等突出特点。通过开展普查，达到摸清全国自然灾害风险隐患底数、查明重点地区抗灾能力和客观认识全国和各地区自然灾害综合风险水平的目的，进而为中央和地方各级人民政府有效开展自然灾害防治工作、切实保障经济社会可持续发展提供权威的灾害风险信息和科学决策依据。本次普查涵盖主要的自然灾害类型包括地震灾害、地质灾害、气象灾害、水旱灾害、海洋灾害、森林和草原火灾六大类。底数的调查针对自然灾害综合风险要素开展，一是各种自然灾害致灾因子的底数，包括灾害强度、范围、频率等；二是主要承灾体的底数，包括房屋建筑、公路、公共服务设施等的空间位置和属性；三是减灾资源（能力）的底数，包括用于防灾减灾的人财物情况、社会组织与志愿者机构、企业资源、乡镇和社区资源等；四是历史灾害底数，包括各行政单元不同灾害的灾情、重大自然灾害事件等；五是重点隐患底数，包含重大致灾隐患、重点承灾体隐患以及自然灾害可能引发的煤矿、非煤矿山生产事故隐患等。本次普查参与部门多达17个，超过一半的部门在地方层面有具体普查任务，部分部门任务多、难度大。

　　全国自然灾害综合风险普查是一个涉及风险调查、隐患调查和评估与区划的全链条工作；调查、评估、区划应用是一个有机整体，调查是基础，重点在评估，区划是成果体现；而数据质量是普查工作的生命线。调查数据的缺失或质量不高直接影响评估工作的开展，甚至产生误导的评估结果；评估成果的不完整或质量不高直接影响区划工作的开展，导致区划的科学性、指导性、适用性下降。为了提高普查数据质量，内蒙古减灾委发文特聘的"第一次全国自然灾害风险普查"技术支撑团队依靠专业知识储备和科研力量，在第一次自然灾害风险普查内蒙古试点普查阶段，实现了高效的自动化采集、质控和逐一字段的数据审核。自动化采集和质控技术可以使普查工作事半功倍，提高普查效率，降低人工成本，实现源头质控。逐一字段的数据审核全面提升了数据的准确性、规范性、真实性、有效性和合理性。本书主要介绍了内蒙古减灾委发文特聘的"第一次全国自然灾害风险普查"技术支撑团队在"数据采集与质控"方面所做的工作和取得的成果，并对数据采集和质控核心技术进行了详细描述。充分体现了自然语义处理技术、Python爬虫技术及数据分析和可视化技术等信息化技术在风险普查数据采集、数据审核与质检过程中的重要性与应用价值。

由于时间、水平有限，书中难免有疏漏之处，恳请广大读者批评指正。

目　录

第一章 第一次全国自然灾害综合风险普查概述

在2018年10月10日召开的中央财经委员会第三次会议上，习近平总书记明确指出，要开展全国灾害综合风险普查，摸清灾害风险隐患底数，查明重点地区抗灾能力，客观认识全国和各地区自然灾害综合风险水平。

2020年7月2日，国务院第一次全国自然灾害综合风险普查领导小组组长王勇国务委员在全国自然灾害综合风险普查工作会议上强调，进行全国自然灾害综合风险普查十分重要、十分必要、也十分紧迫，是一项基础性、科学性、综合性、战略性很强的工作，不仅能为我国开展自然灾害风险防范应对工作提供重要支撑，也能为我国经济社会可持续发展的科学布局和功能区划提供科学依据。

本次普查既涉及多个自然灾害类型的致灾要素调查，也涉及房屋建筑、交通设施等重要承灾体要素的调查，还涉及历史灾害、综合减灾资源（能力）的调查，是一次自然灾害风险要素的"全集"调查，是一项重大的国情国力调查，是提升自然灾害防治能力的基础性工作。本次普查意义重大，是落实党中央关于提高自然灾害防治能力决策部署的重要行动，是切实推进"两个坚持、三个转变"的重要基础，是实现我国自然灾害防治体系和防治能力现代化的重要内容，是有效降低灾害损失、减轻灾害风险、保障民生社会经济可持续发展的重要举措，是重大工程项目建设和区域发展规划的重要依据，是提升全民灾害风险意识和能力的重要途径，是培养和锻炼一支自然灾害防治和应急管理专业队伍的重要契机。

1.1　全国自然灾害综合风险普查的背景

第一次自然灾害综合风险普查是经过多年的逐步酝酿，以前期各个行业开展工作为基础，有逐步建立和完善的国家的防灾减灾体制机制为保障，因此，本次普查有其独特的战略背景、行业背景研究基础和灾害风险研究背景和经验。

1.1.1　国家战略背景

我国是世界上最早倡导综合减灾的国家之一，其经验在联合国举办的三次世界减灾大会上都受到了世界各国的关注。在响应联合国倡导的减灾战略框架的同时，针对中国国情，从20世纪80年代末期开始，我国就着手探讨综合减灾的战略与对策，逐渐树立灾害风险管理理念，转变重救灾轻减灾思想，减灾政策理念从注重灾后救助向注重灾前预防转变，其次，综合减灾理念取得快速的发展，由应对单一灾种减灾向综合减灾的转变。并提出把发展与减灾同步考虑，强调"除害与兴利并举"，将减灾纳入各级政府的发展规划之中，综合减灾与可持续发展已成为国家协调发展战略的重要组成部分。

新中国成立后至2003年抗击"非典"之前，我国主要实行的是以单灾种分类管理为主的模式，根据不同的灾害进行对口管理，对横向跨地区、跨部门统筹协调的需求相对比较有限。然而，单一灾种的减灾政策具有局限性，许多自然灾害，尤其是特大自然灾害，常诱发其他灾害产生衍生灾害和次生灾害形成灾害链。如地震可能引发堰塞湖、水灾和瘟疫等灾害，使得任何一个部门或者一级政府，难以单独应对大规模的突发自然灾害。综合减灾理念，意在整合减灾资源，构建政府主导、部门联动中国防灾减灾构建协同合作机制，形成减灾合力。在2003年"非典"事件后，2007年我国发布了第一部综合性减灾法律《突发事件应对法》；2007年发布的《国务院办公厅关于印发国家综合减灾"十一五"规划的通知》提道："到2010年形成政府统一领导、各部门协同配合、社会参与、功能齐全、科学高效、覆盖城乡的国家综合减灾体系"。2011年全国人大发布的《中华人民共和国国民经济和社会发展第十二个五年规划纲要》提到"健全防灾减灾体系，增强抵御自然灾害能力""完善海洋防灾减灾体系，增强海上突发事件应急处置能力"等，将灾害预防纳入到了国民经济发展和社会发展规划，非常重视灾害预防的重要性。十二届全国人大四次会议于2016年3月16日发布的"中华人民共和国国民经济和社会发展第十三个五年规划纲要"第72章提出：全面提高安全生产水平、提升防灾减灾救灾能力、创新社会治安防控体系、强化突发事件应急体系建设。"十四五"时期是开启全面建设社会主义现代化国家新征程、向第二个百年奋斗目标进军的第一个五年。高质量发展是"十四五"时期以及今后更长一段时期我国经济社会发展的主题，而高质量的发展离不开高质量的安全。统筹好发展和安全两件大事，是新时代提出的新要求。随着经济社会高速发展，一方面，人口与财富越来越向大城市聚集，风险剧增，一旦遭遇自然灾害，影响的程度和广度都将是前所未有的，波及城市运转和市民生活的方方面面。另一方面，广大乡村地区的自然灾害设防能力并没有跟上发展的步伐，存在较多欠账。2018年党和国家机构改革，将相关机构的职责整合，组建应急管理部作为国务院组成部门，综合防灾减灾工作有了机构保证。同年10月，习近平总书记主持召开的中央财经委员会第三次会议指出，提高自然灾害防治能力，是实现"两个一百年"奋斗目标、实现中华民族伟大复兴中国梦的必然要求，是关系人民群众生命财产安全和国家安全的大事，也是对我们党执政能力的重大考验，必须抓紧抓实。党中央、国务院作出重要部署，把"实施自然灾害综合风险普查和重点隐患排查工程"作为提高自然灾害防治能力"九项重点工程"的第一项也是基础性工程，要求在做好常态化的风险调查和隐患排查工作的同时，开展全国自然灾害综合风险普查。这是一项重大的国情国力调查，是提升自然灾害防治能力的基础性工作，是党中央、国务院秉持以人为本、人民利益至上的理念，从我国国情出发，从我国自然灾害风险实际出发，从经济社会可持续发展能力需要出发，作出的重要部署。

本次普查所涉及任务的丰富程度、参与的行业部门数量、动员的普查力量规模、专家队伍和技术人员的支撑力度，均是前所未有的。从全球来看，还没有哪个国家开展过如此大规模的全面和综合的自然灾害风险普查，这充分彰显了中国特色社会主义制度的优势，充分说明我们可以把制度优势转化为治理效能。

1.1.2 普查行业背景

全面的综合灾害风险调查工作在发达国家尚处于探索性和起步阶段，我国在这方面已经具备一定基础。

为了推动和落实"国际减灾十年"全球性倡议活动，1990年国家科委等成立了全国重大自然灾害综合研究组，对我国地震、气象、洪水、海洋、地质、农、林等七大类 35 种自然灾害的概况、特点、规律及发展趋势进行了全面调研。在对自然灾害分布规律、成灾规律和减灾对策综合研究的基础上，1995年编写并出版了《中国重大自然灾害及减灾对策（总论）》《中国重大自然灾害及减灾对策（分论）》、《中国重大自然灾害及减灾对策 （年表）》和七类灾害的全国分布图。基于自然灾害对社会危害情况的调查、分析和评价，2000年出版了《灾害社会减灾发展——中国百年自然灾害态势与21世纪减灾策略分析》；2002年编制了《中国重大自然灾害与社会图集》，以图文并茂的形式系统反映了灾情与灾害对社会的影响及系统的减灾对策。2000年对我国区域减灾能力进行了宏观评估，2005年首次对我国减灾基础能力、监测预警能力、防灾抗灾能力、救灾重建能力进行了调查与综合评价，编写了《中国基础减灾能力区域分析》《中国洪水灾后重建问题和需求及对策》《自然灾害评估》等论著。依据区域减灾基础能力与受灾程度、减灾有效度、灾害深度的对比，对区域减灾基础能力增长需求度进行了分析与分级评估。这是我国前期在减灾对策和能力方面所开展的评估研究和能力分析。

自然灾害危险性、灾情与风险评估工作始于1991年。在对我国单类与综合自然灾害的强度、频次、受灾体易损性调查分析和预测的基础上，对我国自然灾害区域危险性、灾情、风险进行了多次量化研究。1992年出版了《中国自然灾害地图集》（中、英文版），揭示了历史时期的中国地震、洪涝等主要自然灾害的时空格局；1994年，编制了中国地震、气象、洪涝、地质灾害等单类与综合的灾变区划图、灾度区划图和风险区划图等系列区划图幅，编写了《中国自然灾害区划与保险区划研究报告》和《中国自然灾害区划工作进展》。在单灾种研究的基础上，综合自然灾害与风险的相关研究成果也相继问世。2003年首次基于自然灾害系统出版了《中国自然灾害系统地图集》（中、英文对照），编制了包括综合自然灾害孕灾环境、承灾体、致灾因子、灾情和减灾等地图56幅、主要自然灾害系统地图380幅，制图单元以县域行政单元为主；在此基础上，初步完成了《中国自然灾害区划图（1:400万）》《中国农业自然灾害区划图（1:400万）》《中国城市自然灾害区划图（1:400）万）》《中国自然灾害救助区划图（1:400万）》。在此基础上，2011年出版了《中国自然灾害风险地图集》（中、英文对照），共涉及地震、台风、水灾、旱灾、滑坡泥石流、沙尘暴、风暴潮、冰雹、雪灾、霜冻、森林草原火灾、生态风险和气候灾害等主要灾害类型的危险性、风险，以及行政区划、孕灾环境、主要承灾体、减灾等方面的全国性地图278幅，以及区域性地图186幅，制图单元以县域行政单元和公里网为主。我国地震、国土、气象、水利、海洋、农业、林业等行业部门、部分省市陆续开展了单灾种的灾害风险调查工作，初步形成了一套由灾害风险普查、科学确定致灾阈值、灾害风险区划、基于阈值和定量化风险评估的风险预警、业务校验和效益评估组成的技术方法，制定了相关规范和技术指南，指导开展地震重点区、中小河流域、城市易涝区、山洪沟、滑坡、泥石流、森林和草原火灾等的隐患排查。2017年，原民政部国家减灾中心开展了中国县域自然灾害综合风险与减灾能力调查试点工作，是我国进行灾害综合风险调查的初步尝试。

综上，我国的各个行业部门已经在地震、地质、气象、水旱、海洋、森林和草原等六大灾种领域开展过普查工作，具有一定的积淀，因此，本次普查在综合灾害风险调查工作方面已经具备一定研究基础和数据基础。

1.1.3 灾害风险理论研究背景

经过近30年的研究，自然灾害理论体系相对完整成熟。从1991年北京师范大学史培军教授的《灾害研究的理论与实践》到2005年《四论灾害系统研究的理论与实践》，再到2016年《灾害风险科学》的出版，标志着该领域有了完整的理论支撑。

1994年史培军教授在《论我国减灾科学技术与减灾业的发展》中论述了减轻自然灾害（包括与自然过程有关的环境灾害）的科学技术与减轻自然灾害的产业发展。明确指出把减灾科学技术与减灾业发展作为国家科学技术及国家产业发展的重要领域，必将对我国实现经济与社会奋斗目标起着不可估量的作用。

1996年，史培军教授在《灾害研究的理论与实践》一文基础上，进一步分析了当前国外灾害理论研究的进展，对灾害理论研究中的致灾因子论、孕灾环境论、承灾体（人类活动）论进行了评述，并系统地阐述了区域灾害系统论的主要内容，即在综合分析组成区域灾害系统的致灾因子、孕灾环境、承灾体的基础上，通过对致灾因子的风险性评估、对孕灾环境稳定性的分析、对承灾体易损性的评价，揭示区域致灾与成灾过程中灾情形成的动力学机制，并从可持续发展的角度，理解资源开发与灾情形成的关系——"受益致损，兴利除害"常同时存在。史培军教授指出必须把资源开发与防灾减灾同步进行。

2002年，史培军教授发表《三论灾害研究的理论与实践》，评述了最近6年来灾害科学研究的进展，提出了灾害科学的基本框架，进一步完善了"区域灾害系统论"的理论体系，提出了当前灾害科学的主要学术前沿问题。文章就资源开发与灾情形成机理与动态变化过程进行了综合分析，阐述了区域灾害的形成过程，进一步从区域可持续发展的角度，就建设安全社区（区域）提出了"允许灾害风险水平"的区域发展对策。

2005年，史培军教授发表《四论灾害系统研究的理论与实践》，从综合灾害风险管理的角度，完善了灾害系统的结构与功能体系，论证了灾情形成过程中恢复力的作用机制，分析了区域开发与安全建设的互馈关系，构建了区域综合减灾的行政管理体系，提出了由政府、企业与社区构成的区域综合减灾范式。研究结果表明，区域灾情形成过程中，脆弱性与恢复力有着明显的区别，脆弱性是区域灾害系统中致灾因子、承灾体和孕灾环境综合作用过程的状态量，它主要取决于区域的经济发达程度与社区安全建设水平；恢复力则是灾害发生后，区域恢复、重建及安全建设与区域发展相互作用的动态量，它主要取决于区域综合灾害风险行政管理能力、政府与企业投入和社会援助水平。区域安全水平与土地利用的时空格局和产业结构关系密切，通过划定区域高风险"红线区"的办法，调整土地利用时空格局和产业结构，有利于建立区域可持续发展的综合减灾范式。针对区域自然灾害系统存在着相互作用、互为因果的灾害链规律，以及灾害系统所具有的结构与功能特征，完善由纵向、横向和政策协调共同组成的一个"三维矩阵式"的区域综合减灾行政管理体系，构建以政府为主导、企业为主体、社区全面参与的区域综合减灾范式。以此促进在发展中提高区域减灾能力，并在一定安全水平下，建设区域可持续发展模式。

历经30多年的辛勤钻研，史培军教授提出并逐渐完善了"灾害系统的理论"，强调致灾因子、孕灾环境、承灾体在灾害形成中具有同等重要的作用，三者缺一不可，鲜明地提出"与没有致灾因子就没有灾害同等重要的是，没有承灾体也没有灾害"的科学论断。这与国际上强调的"致灾因子、暴露与脆弱性"有本质的区别。前者在考虑了致灾因子、承灾体（暴露与脆弱性）的同时，特别关注了孕灾环境（自然、社会与人文环境），发展了灾害风险科学的中国学派，使得我国综合减灾与生态环境建设统筹考虑的战略布局得到有力推动，并已成为国家绿色发展战略的重要组成部分。

综上，无论是从国家大的战略方针层面，还是党的规划层面，以及学术研究和行业背景层面，都为这次普查积累了防灾减灾经验奠定了基础。

1.2 全国自然灾害综合风险普查的主要任务

依据灾害风险科学系统理论，本次普查确定了从致灾孕灾、承灾体、减灾能力及重点隐患等几个角度进行调查，同时也要摸清楚历史灾害相关的情况。

（1）致灾孕灾调查。根据我国自然灾害种类的分布、影响程度和特征，确定普查涉及的灾害类型主要有地震灾害、地质灾害、气象灾害、水旱灾害、海洋灾害、森林和草原火灾等。其中，地质灾害包括滑坡、崩塌、泥石流等，气象灾害包括暴雨、干旱、台风、高温、低温、风雹、雪灾、雷电等，水旱灾害包括大江大河洪水、中小河流洪水、山洪灾害和干旱灾害，海洋灾害包括风暴潮、海啸、海浪、海平面上升、海冰灾害等。通过致灾孕灾调查，形成区域致灾因子危险性调查数据库，为单灾种和多灾种风险评估与区划提供致灾因子危险性数据输入，为政府减灾防灾、风险决策和风险管控提供科学依据。

（2）承灾体调查。重点调查房屋建筑、基础设施（公路和水路设施，市政道路、桥梁和城市供水等市政设施）、公共服务设施等承灾体的地理位置和灾害属性信息，共享利用现有人口、基础设施、资源与环境、三次产业等承灾体基础数据，建立覆盖国家、省、地、县四级的承灾体调查成果数据库。通过承灾体调查，掌握准确翔实的房屋建筑、交通运输设施、通信设施、能源设施、市政设施、水利设施、农业、资源与环境、人口与经济等承灾体空间分布及灾害属性特征，掌握受自然灾害影响的人口和财富的数量、价值、设防水平等底数信息，建立依托国家普查系统的旗县区承灾体调查数据库。最终为非常态应急管理、常态灾害风险分析和防灾减灾、空间发展规划、生态文明建设等各项工作提供基础数据和科学决策依据。

（3）重点隐患调查。针对区域自然灾害高发、群发等特征，主要承灾体对主要自然灾害高脆弱性和设防不达标等情况在全国范围内开展调查，特别针对地震灾害的房屋和建筑物隐患、地质灾害的房屋隐患、洪水灾害的道路隐患、海洋灾害的重大基础设施隐患、森林和草原火灾的建筑物隐患等进行分析调查。通过重点隐患调查，为中央和地方各级人民政府有效开展化工园区、危险化学品企业、非煤矿山和煤矿等领域自然灾害防治工作，提供权威的灾害风险信息和科学决策依据。

（4）减灾能力调查。包括灾害管理能力调查：对省、市、县各级应急管理（地震），气象、水利、自然资源、林草、农业、交通运输、住房和城乡建设部门、科学技术部门的调查，具体包括灾害管理队伍概况、防灾减灾规划、灾害应急预案和减灾资金投入情况等。行业专业队伍调查：对综合性、政府专职和企事业专业消防救援队伍、森林消防救援队伍、航空护林站队伍、地震专业救援队伍以及矿山/隧道、油气等行业专业队伍的调查；调查内容包括队伍概况、主要装备、抢险救援情况等。救灾物资储备基地调查：对中央、省、市、县各级应急管理、发展改革（粮食和物资储备）、民政救灾物资储备库（点）的调查，调查内容包括基地概况、储备物资情况。应急避难场所调查：对县级及以上应急管理、发展改革、住房和城乡建设、自然资源、人防部门认定、建设或管理的灾害应急避难场所进行调查。调查内容包括应急避难场所基本情况和建设管理等内容。灾害监测预警能力调查：对地质灾害、森林和草原火灾监测预警能力的调查。包括各县地质灾害监测点数量、森林和草原火灾监测预警站点的调查等。灾害工程防治能力调查：对干旱灾害、地质灾害和森林和草原火灾防治工程能力的调查。调查内容包括各县抗旱能力、各县地质灾害防治工程数量和各县林区防火阻隔和防火道路网密度等。

（5）历史灾害灾情调查。历史年度自然灾害灾情调查：调查1978年至2020年发生的年度自然灾害情况。包括：地震灾害、地质灾害（崩塌、滑坡、泥石流）、台风灾害、风雹灾害、低温冷冻灾害、雪灾、沙尘暴灾害、干旱灾害、洪涝灾害、海洋灾害（风暴潮、海冰、海浪）、森林和草原火灾。主要内容包含核心灾情指标数据，当年年末总人口、当年播种面积、当年地区生产总值等基础数据，以及年度自然灾害报告等。重大历史自然灾害调查：调查1949年至2020年发生的重大自然灾害，包括地震灾害、台风灾害、洪涝灾害、森林火灾。按照《国家突发公共事件总体应急预案》《国家自然灾害救助应急预案》的有关要求，重大自然灾害指达到启动国家级 II 级（含）以上应急响应阈值标准的灾害事件，阈值标准按照死亡失踪100人及以上判定，倒塌和严重损坏房屋、紧急转移安置人口不作为阈值标准。针对台风灾害，将致灾危险性作为参考判定标准。

通过对以上五大普查内容的调查，全面掌握灾害风险要素信息、重点隐患信息和区域抗灾能力、减灾能力信息。进而客观认识全国和区域灾害风险水平、防灾抗灾救灾能力水平和未来风险变化趋势和特点。这也充分体现了本次普查是集调查、评估和区划为一体的全链条式普查；是一次综合性的普查，涉及范围广、参与部门多、协同任务重，综合难度大。

1.3　应急系统普查任务

1.3.1　公共服务承灾体调查

承灾体是指包括人类本身在内的脆弱的物质文化环境，暴露于灾害风险下，遭受灾害破坏后会形成一定损失。从灾害损失的角度来看，一个区域是由若干不同类型的承灾体构成的，其种类繁多，包括人、建筑、生命线系统、工矿商贸、环境、动植物等不同的区域，不仅在承灾体的类型和数量上有差异，在承灾体的分布上也不同。自然灾害、事故灾难、公共卫生或社会安全事件，常发生以"小灾大难"为特征的严重人员伤亡事件，究其原因多认为是承灾体的"高脆弱性，高聚集性"，或急救设施的低保障性造成的，这里总结为承灾体的"两高一低"灾害属性。

现实生活中，公共服务设施在为人们提供社会服务的同时，客观形成了

"高脆弱+高度聚集人群"的空间分布特征，如养老院、儿童福利院、大中小学校、旅游景区、宗教活动场所、医院住院部等，但每类对象的人口结构都是不同的，其脆弱程度也有明显差异，因此以精准防灾救灾为目的，还要逐一评估。整体来讲，虽然目前针对公共服务设施的应急管理工作取得了巨大进步，但以往资料多存在数据分散、结构体系不完整，更重要的是空间位置信息与灾害属性信息不匹配等问题，是当前无法进行准确评估和安全规划的主要瓶颈，因此开展公共服务设施调查具有重要意义。

针对可能存在"两高一低"特征的公共服务设施，展开有限目标调查，选取了可能具有与"两高一低"灾害属性相关的调查对象包括：

（1）体现"高脆弱人群"特征的公共服务设施，有2类：

①学校（为儿童、青少年等提供生活学习的场所，手机信号不能覆盖）；

②提供住宿的社会服务机构（孤儿、老人或失能人群的供养场所）。

（2）体现"高密度人群" 特征的公共服务设施或场所，有5类：

①文化设施（图书馆、博物馆、影剧院、文化馆等）；

②旅游景区（国家旅游景区）；

③体育场馆（一定规模的场馆，避难场所）；

④星级饭店（一定规模的酒店、宾馆）；

⑤宗教活动场所（一定规模的活动场所）。

（3）体现关键应急资源"保障能力"特征的公共服务设施，选取了2类，分别为：

①医疗卫生机构（医疗资源水平）；

②大型超市、百货店、亿元以上交易市场等（民以食为天，第一生活物资供给能力）。

可以将上述调查内容分为11类，其中前9类对象是独立空间单元调查，后2类对象是行政单元统计，如表1-1所示。

表1-1 公共服务设施调查对象

序号	对象类别	调查类型
01	学校	独立空间单元
02	医疗卫生机构	独立空间单元
03	提供住宿的社会服务机构	独立空间单元
04	公共文化场所	独立空间单元
05	旅游景区	独立空间单元
06	星级饭店	独立空间单元
07	体育场馆	独立空间单元
08	宗教活动场所	独立空间单元
09	大型超市、百货店、亿元以上商品交易市场	独立空间单元
10	县域基础指标统计表	行政单元
11	乡（镇）基础指标统计表	行政单元

注：针对主体空间单元调查，是指空间上的独立区域，比如校本部与其他校区的关系，二者同属一个机构，但空间上不相邻；因此从独立空间单元的调查原则出发，是需要分别填报的。即多少个校区填多少张调查表。

根据调查或统计阶段，可划分为"前期准备、调查实施（清查和调查）、成果汇总、质量审核、成果入库"等过程。其中对象清查和对象调查是公共服务设施调查的关键部分。

对象清查：基于调查表目录，协调相关部门梳理对象、收集清查数据，并经自检和逐级审核而形成清查成果清单的过程。

对象调查：基于清查成果清单，由各部门开展调查表逐一填报的工作。具体包括空间信息数据的标绘或核准，以及调查表信息的填报，提交后经逐级质量审核，最终形成空间数据集。

1.3.2 重点企业承灾体调查

重点企业承灾体调查主要是指对危险化学品企业、煤矿和非煤矿山等重点企业的调查。

（1）危险化学品自然灾害承灾体调查

危险化学品自然灾害承灾体调查，包括化工园区、加油加气站、处于化工园区内的所有企业及未处于化工园区内的危险化学品企业，这是承灾体调查的一项重要基础性工作。具体要调查化工园区地理空间分布、设防水平、应急保障能力等信息；更新调查危险化学品企业基础信息，补充调查地理空间分布、设防水平、灾害防御能力、应急保障能力等灾害属性信息。如果自然灾害对危化品造成事故，由于危化品自身的特性，相对于其他承灾体而言，其事故波及范围会超出企业的厂区。另外，危化品自然灾害承灾体调查的责任主体部门是应急管理部，参与部门会涉及燃气管理、港口管理、商务部门、自然资源、气象、水务、园区管委会等多个部门，通过本次调查实现数据标准统一、结果共享，并将其调查结果用于基层安全生产和应急管理、减灾能力评估和灾害风险评估等工作。

（2）非煤矿山重点企业调查

我国是矿业大国，非煤矿山点多面广，历来是事故预防的重点，因此普查任务繁重，包括金属非金属地下矿山、金属非金属露天矿山、尾矿库的基础信息调查、自然灾害［地震灾害、水旱（洪涝）灾害、地质灾害］设防情况、防灾减灾能力等信息调查。摸清全国范围内非煤矿山承灾体底数、查明重点地区灾害设防能力和防灾减灾能力、客观认识全国非煤矿山受自然灾害影响程度，是开展非煤矿山普查工作的目的和意义。非煤矿山的调查工作以县级行政区域为基本单元开展，县级应急管理部门负责组织辖区内的金属非金属地下矿山、金属非金属露天矿山、尾矿库的调查工作，金属非金属地下矿山、金属非金属露天矿山、尾矿库主体责任单位为具体实施单位。

（3）煤矿重点企业调查

煤矿是受自然灾害影响较为严重的重点行业领域。地震因其突发性和巨大破坏力被列为各种自然灾害之首，例如，1976年的唐山大地震造成开滦矿区约75%的井筒受到不同程度破坏，矿井涌出水急剧增加，淹没了70%的生产水平和大量设备。2002年6月29日凌晨，吉林省汪清县发生里氏7.2级深源地震；7月4日江源县松树镇富强煤矿发生特大瓦斯爆，井下39人全部遇难。2008年"5.12"汶川大地震发生后川煤集团所属矿井井下涌水急剧上升。2007年8月16日，山东新泰市暴雨影响，引起山洪暴发，导致华源煤矿淹井灾害事故，

172名被困人员遇难。2013年5月25日，陕西省黄陵县金咀沟煤矿发生山体滑坡事故，该矿二层职工宿舍楼被埋，造成7人死亡，12人受伤。2016年6月20日，贵州兴义市纳省煤矿因持续强降雨引发山洪，导致工业广场被淹没，洪水倒灌入井造成淹井事故。因此，自然灾害风险管控是煤矿安全发展、绿色发展的必然要求。煤矿自然灾害承灾体调查是全国自然灾害综合风险普查的重要组成部分。煤矿自然灾害承灾体调查是通过全国范围煤矿的调查与评估工作，掌握煤矿自然灾害（主要包括地震灾害、地质灾害、洪水灾害等）承灾体基本情况、自然灾害设防水平和防灾减灾能力，为煤矿自然灾害致灾危险性评估提供基础性数据支撑，为各级应急管理部门及机构进行灾害应急响应决策提供依据，大幅提高重点承灾体区人民生命、财产的安全保障水平。具体目标是针对地震灾害、地质灾害和洪水灾害等典型自然灾害，建立煤矿自然灾害承灾体调查相关技术规范，开展承灾体调查与评估，掌握全国煤矿自然灾害设防达标情况，构建自然灾害影响区煤矿企业分布数据库、煤矿自然灾害致灾危险性分级图。普查对象是全国各类煤矿（企业），包括建设和生产的井工煤矿和露天煤矿，已经关闭的煤矿不在此次调查范围内（以国家煤矿安全监察局"煤矿安全生产综合信息系统"显示为准）。截至2020年8月28日，全国共有5069座煤矿（各省煤矿数量根据国家矿山安全监察局认定情况，动态变化），如表1-2所示。

打印机构：国家矿山安全监察局　　打印时间：2021-04-30

序号	区域	煤矿总数（个）	生产能力（万吨）	国有重点		地方国有		乡镇煤矿		其他	
				煤矿个数（个）	生产能力（万吨）	煤矿个数（个）	生产能力（万吨）	煤矿个数（个）	生产能力（万吨）	煤矿个数（个）	生产能力（万吨）
	合计	4580	528877.04	1244	302112	589	66496.04	2739	160269	8	0
1	山西省	910	139850	487	94845	158	16465	264	28540	1	0
2	贵州省	791	37824	37	5417	67	3526	686	28881	1	0
3	内蒙古自治区	502	131950	114	76430	44	9675	343	45845	1	0
4	陕西省	370	70714	64	39565	57	12255	249	18894	0	0
5	四川省	364	7369	26	1973	1	60	337	5336	0	0
6	黑龙江省	294	9828	66	6355	9	289	219	3184	0	0
7	云南省	226	10021	8	1040	27	2216	191	6765	0	0
8	河南省	216	15270	150	12416	30	1440	36	1414	0	0
9	新疆维吾尔自治区	201	37802	39	13125	53	11041	104	13636	5	0
10	湖南省	119	1620	32	643	2	30	85	947	0	0
11	山东省	100	13046	46	9612	54	3434	0	0	0	0
12	甘肃省	83	8158	25	5924	6	432	52	1802	0	0
13	河北省	59	6513	49	6198	6	165	4	150	0	0
14	吉林省	53	2295	8	1195	0	0	45	1100	0	0
15	宁夏回族自治区	46	12625	23	9750	4	1360	19	1515	0	0
16	安徽省	44	13341	40	13066	2	90	2	185	0	0
17	福建省	41	864	0	0	15	396	26	468	0	0
18	江西省	35	503.04	8	344	10	73.04	17	86	0	0
19	辽宁省	30	3750	16	3095	1	45	13	610	0	0
20	新疆建设兵团	30	2329	1	120	28	2149	1	60	0	0
21	青海省	20	1325	0	0	11	1085	9	240	0	0
22	广西壮族自治区	18	622	0	0	4	270	14	352	0	0
23	湖北省	17	171	0	0	0	0	17	171	0	0
24	重庆市	6	88	0	0	0	0	6	88	0	0
25	江苏省	5	999	5	999	0	0	0	0	0	0

表1-2　（部分省份）煤矿调查情况

危险化学品企业、煤矿和非煤矿山等三类企业自然灾害承灾体调查采用自下而上逐级填报、专家指导评估与分级审核校对相结合的组织方式。

县级组织辖区内相关企业按照《危险化学品承灾体调查技术规范》《煤矿自然灾害承灾体调查技术规范》《非煤矿山自然灾害承灾体调查技术规范》的要求，在普查软件系统填报调查表格，自检合格的数据通过填报系统上报至市级，不合格的驳回至企业。市级组建工作组，对县级填报数据的规范性、完备性、合理性进行审核校验，质检合格的数据成果上报省级，不合格的数据成果驳回至县级。省级组建工作组，对市级自然灾害承灾体调查数据进行汇总、质检，质检不合格的驳回至市级，质检合格的数据成果上报国家级，同时形成全省自然灾害影响区相关企业承灾体数据库。针对煤矿、非煤矿山两类企业开展自然灾害设防达标与致灾危险性评估，形成本省自然灾害致灾危险性分级图，编制全省自然灾害设防达标与致灾危险性评估报告。将省级成果上报至国家级。国家级对省级煤矿自然灾害承灾体调查数据进行汇总、质检，质检不合格的驳回至省级，对质检合格的数据纳入国家级数据库，形成全国三类企业承灾体数据库；对省级煤矿和非煤矿山自然灾害设防达标与致灾危险性评估结果进行汇总、质检，质检不合格的驳回至省级，质检合格的成果纳入国家级数据库，形成全国煤矿和非煤矿山自然灾害致灾危险性分级图。编制全国煤矿和非煤矿山自然灾害设防达标与致灾危险性评估报告。

1.3.3　减灾能力调查

减灾能力调查的目的是为了查清政府、企业、社会组织、乡镇、社区和家庭用于防灾、抗灾、救灾的各种能力。全面调查和评估各地防灾减灾救灾的能力，包括各级政府、社会和基层三方面的防灾减灾救灾能力。政府的能力体现在自然灾害管理队伍状况、应急救援专业力量、应急物资保障能力、主要自然灾害防治工程情况等方面，按照科学、可操作的原则设置具体的调查指标体系。社会的能力体现在能够动员的社会组织和社会力量参与防灾减灾救灾的情况，能够调动的相关企业参与防灾减灾救灾的情况。基层的能力既体现在乡镇和社区自然灾害管理队伍、相关物资保障、应急处置能力等方面的情况，还包括居民的自然灾害风险意识和自救互救能力等。这将是首次开展的覆盖"全国—省—市—县—乡镇—社区村—家户"的综合防灾减灾救灾能力调查评估。

（1）政府减灾能力调查

由应急管理部门负责会同相关部门开展政府减灾能力的调查工作。各任务的调查内容与对象层级见表1-3所示。

表1-3　政府减灾能力调查内容与对象层级

调查内容	获取方式	对象层级
地震救援的人员与装备	调查，属地统计	中央、省
应急避难场所容纳量	调查	省、市、县
地震监测点	共享	中央
气象站点	共享	中央
蓄、引、提、调抗旱工程情况	引用本次调查成果	县
已建防洪堤长度、海堤工程长度、水文测站数量	共享	中央
地质灾害防治工程数量、地质灾害监测点	属地统计	县
海洋灾害监测预警点、海岸线长度	共享	中央
森林消防人员与装备、林区防火阻隔和道路网、林草区防火监测预警点	调查，在地统计	县
路网密度	调查，在地统计	县
海事救援的人员与装备	调查，属地统计	中央、省
房屋建筑总面积	调查，在地统计	县
应急避难场所的容纳量	调查，属地统计	省、市、县
灾害管理和专家队伍、防灾减灾规划和应急预案数量、防灾减灾投入	调查	省、市、县
救灾物资储备库容和储备物资折合金额	调查，属地统计	中央、省、市、县
应急避难场所容纳量	调查，属地统计	省、市、县
综合消防和森林消防救援的人员和装备	调查，在地统计	县
航空护林站、矿山/隧道救援、危化/油气救援的人员与装备	调查，属地统计	中央、省
救灾物资储备库容和储备物资折合金额	调查，属地统计	省、市、县
应急避难场所的容纳量	调查，属地统计	省、市、县
救灾物资储备库容和储备物资折合金额	调查，属地统计	省、市、县
应急避难场所的容纳量	调查	省、市、县
应急通讯基站点和通讯车数量	共享	中央

针对政府减灾能力各项调查内容，由国务院普查办组织各省普查办，各省级普查办组织地市、县级相关单位开展调查对象的清查工作，摸清需要调查对象的名称、代码（可选）、地址和位置等信息。由各级应急管理部门牵头，组织辖区内各相关，采用在地统计或属地统计的原则，依托全国自然灾害综合风险调查软件系统，填写调查对象统计报表。应急管理部门负责对本级相关政府部门填报的数据进行初步审核，地市级、省级、部级层面应急管理部门负责对下级填报数据进行审核、质检、汇总。

（2）企业与社会组织减灾能力调查

由应急管理部门会同相关部门开展企业及社会组织减灾能力调查工作。各调查任务的调查方式、调查实施主体及对象层级见表1-4。

表1-4　企业及社会组织减灾能力调查层级与实施主体

调查内容	调查方式	实施主体	对象层级
大型企业救援装备	普查、属地统计	应急管理部门、工商管理部门	中央、省
保险和再保险企业减灾能力	普查、属地统计	应急管理部门、银监会	中央、省
社会组织减灾能力	普查、属地统计	应急管理部门、民政部门（红十字会）	中央、省、市、县

针对企业与社会组织减灾能力各项调查内容，由国务院普查办组织各省普查办，各省级普查办组织地市、县级相关单位开展调查对象的清查工作，摸清需要调查对象的名称、代码（可选）、地址和位置等信息。由各级应急管理部门牵头，组织辖区内各相关部门，采用在地统计或属地统计的原则，依托全国自然灾害综合风险调查软件系统，填写调查对象统计报表。应急管理部门负责对本级相关政府部门填报的数据进行初步审核，地市级、省级、部级层面应急管理部门负责对下级填报数据进行审核、质检、汇总。

（3）乡镇与社区减灾能力调查

乡镇（街道）减灾能力调查的内容包括乡镇（街道）基本概况，隐患调查、风险评估与信息通信情况，应急预案建设、培训演练情况，资金、物资和场所等。

社区（行政村）减灾能力调查的内容包括社区（行政村）基本情况、风险隐患排查情况、防灾减灾救灾能力建设情况、防灾减灾活动开展情况等。

乡镇（街道）减灾能力的调查，由县级应急管理部门组织辖区内所有乡镇（街道）填写统计报表；社区（行政村）减灾能力调查，由县级应急管理部门协调，各乡镇（街道）组织辖区所有社区（行政村）填写统计报表。

由县级应急管理部门组织，开展清查，摸清需要调查的乡镇（街道）、社区（行政村）名称、地址、总户数和总人口等信息。由县级政府牵头，组织辖区内乡镇（街道）、社区（行政村），依托全国自然灾害综合风险调查软件系统，填写统计报表。县级应急管理部门负责对乡镇（街道）、社区（行政村）减灾能力填报数据进行初步审核，地市级、省级、部级层面负责对下级填报数据进行审核、质检、汇总。

（4）家庭减灾能力调查

家庭减灾能力调查的内容主要包括家庭基本信息、灾害认知能力、灾害自救互救能力等。家庭减灾能力调查工作包括政府部门组织填报和社会自愿填报两种组织方式。其中，以政府部门组织普查办抽中的家庭填写调查问卷为主，同时可通过发送答题链接、二维码等方式进行社会自愿填报作为补充。社会自愿填报不可替代抽样家庭填报，数据入库方式要严格区分。政府部门组织的家庭减灾能力抽样调查，由国务院普查办统一抽取行政村（社区），省普查办根据抽中的行政村（社区）抽取家庭户并下发调查名单。抽样调查以县级行政区域为基本单元组织开展，县普查办组织辖区内应急管理部门、各乡镇（街道）政府共同完成本辖区内抽样调查工作。社区（行政村）负责组织、协助抽样选中的家庭，如实填报《家庭减灾能力调查表》。

由国务院普查办根据行政村（社区）家庭总户数统一抽取行政村（社区），省普查办根据抽中的行政村（社区）上报的常住居民花名册，抽取家庭户并下发调查名单。县普查办组织辖区内应急管理部门、各乡镇（街道）政府共同完成本辖区内调查实施工作。社区（行政村）负责组织、协助抽样家庭填写调查表。县级应急管理部门负责对家庭减灾能力填报数据进行初步审核，地市级、省级、部级层面负责对下级填报数据进行审核、质检、汇总。

1.3.4 历史灾害调查

自然灾害是指由自然因素造成的人类生命、财产、社会功能和生态环境等损害的事件或现象。本次普查主要针对干旱灾害、洪涝灾害、台风灾害、风雹灾害、低温冷冻灾害、雪灾、沙尘暴灾害、地震灾害、地质灾害、海洋灾害、森林草原火灾等灾害开展。考虑到历史灾害资料获取渠道分散、统计记录口径多样、数据整合难度大等因素，拟针对年度自然灾害情况、重大灾害事件情况两项调查任务并行实施的方式开展。通过普查，摸清历史自然灾害的底数，即历史上已发生的自然灾害情况，调查的对象既包括不同行政单元的年度自然灾害，也包括历史上发生的各类自然灾害事件详情，例如每场自然灾害的受灾面积、房屋倒损、经济损失等。通过普查，调查清楚自然灾害风险这几方面的底数，获得自然灾害风险主要组成部分的详细信息，为开展主要自然灾害风险评估和综合风险评估以及防治区划制定奠定基础。

（1）历史年度自然灾害灾情调查

由应急管理部门负责会同相关行业部门开展历史年度自然灾害灾情调查工作。其中，地震灾害的历史年度灾情调查与地震部门开展的历史灾害调查工作对接；地质灾害、海洋灾害的历史年度灾情调查与自然资源部门开展的历史灾害调查工作对接；台风灾害、风雹灾害、低温冷冻灾害、雪灾、沙尘暴灾害的历史年度灾情调查与气象部门开展的历史灾害调查工作对接；洪水、干旱历史年度灾情调查与水利部门专业单位开展工作对接；森林和草原火灾的历史年度灾情调查与林草部门开展的历史灾害调查工作对接。

通过行业部门共享以及收集地方志、救灾档案、政府档案、行业部门的统计公报等资料的方式，获取历史年度自然灾害灾情调查数据。县级应急管理部门负责对通过资料收集获取的历史年度自然灾害灾情有关数据进行整合填报。地市级、省级、部级层面负责对下级填报数据进行审核、质检、汇总。地方各级应急管理部门通过普查系统正式上报前，应与同级相关部门进行沟通会商。针对海洋灾害（风暴潮、海冰、海浪）、地质灾害（崩塌、滑坡、泥石流），县级应急管理部门可根据数据资料收集共享获取情况，酌情确定填报主灾种或亚灾种。原则上，1978—1999年按主灾种（地质灾害、海洋灾害）填报，2000—2020年按亚灾种（风暴潮、海冰、海浪、崩塌、滑坡、泥石流）填报。调查表填报单位审核正式报出调查表，履行填表人自审和负责人审核两道程序，对调查表的规范性和完整性进行审核，审查无误后方可在线提交上报。国家、省、地市、县各级应急管理部门负责对调查成果进行自下而上逐级汇总和审核，调查成果审核通过后才能向上一级应急管理部门提交。通过历史灾害填报系统进行有效性检查，重点检查缺漏项、录入错误和逻辑错误，确保填报数据的合理性、规范性、有效性。各级调查单位还应对本级提交的数据进行排重、修正，重点进行重复统计的审核，直至合格，确保全套调查数据质量。

（2）重大历史自然灾害调查

由国务院第一次全国自然灾害综合风险普查领导小组办公室（以下简称国务院普查办）以及重大自然灾害涉及区域的省级人民政府第一次全国自然灾害综合风险普查领导小组办公室（以下简称省级普查办）负责组织填报和审核。由国务院普查办会同相关行业部门确定 1949—2020 年达到重大自然灾害阈值标准的事件清单以及事件涉及的县级行政区范围。其中，重大地震灾害清单和涉及的县级行政区范围主要由中国地震局确定；重大台风灾害清单和涉及的县级行政区范围主要由中国气象局确定；重大洪涝灾害清单和涉及的县级行政区范围主要由国务院普查办牵头，水利部门专业单位协助确定；重大森林火灾清单和涉及的县级行政区范围主要由国家林业和草原局确定。重大地震灾害事件、重大台风灾害事件、重大洪涝灾害事件的灾情数据由所涉及区域的省级普查办组织收集、整理、填报、审核；重大地震灾害事件的致灾因子数据由中国地震局提供；重大台风灾害事件的致灾因子数据由中国气象局提供；重大洪涝灾害事件的致灾因子数据会同水利部所属专业单位收集。重大森林火灾事件的致灾因子数据和灾情数据由国家和地方林草部门提供。

通过收集地方志、救灾档案、政府档案、行业部门统计公报等资料的方式，获取重大历史自然灾害调查数据。重大地震灾害事件的数据填报，由中国地震局确定致灾因子调查指标并提供相关数据；人员受灾情况、房屋倒损情况、基础设施损毁情况等灾情数据由省级普查办组织同级应急管理部门、民政部门、交通部门、工业和信息化部门、电力部门、水利部门、市政部门以及地方史志办公室提供。重大台风灾害事件的数据填报，由中国气象局确定致灾因子调查指标并提供相关数据；人员受灾情况、房屋倒损情况、基础设施损毁情况、农作物受灾情况等灾情数据由省级普查办组织同级应急管理部门、民政部门、交通部门、工业和信息化部门、电力部门、水利部门、市政部门、自然资源部门以及地方史志办公室提供。重大洪涝灾害事件的数据填报，由国务院普查办牵头负责相关数据收集整编，致灾因子数据会同水利部门专业单位收集整编；人员受灾情况、房屋倒损情况、基础设施损毁情况、农作物受灾情况等灾情数据由省级普查办组织同级应急管部门、民政部门、交通部门、工业和信息化部门、电力部门、水利部门、市政部门、自然资源部门以及地方史志办公室收集整编。重大森林火灾事件的数据填报，致灾因子和灾情数据由国家和地方林草部门提供。

省级普查办对通过资料收集获取的历史重大自然灾害灾情数据进行整合，通过普查系统正式上报前，应组织同级相关部门进行会商；最终成果由国务院普查办组织相关涉灾部门和专家进行会商核定。调查表填报单位审核正式报出调查表，履行填表人自审和负责人审核两道程序，对调查表的规范性和完整性进行审核，审查无误后方可在线提交上报。国家、省（直辖市、自治区）、地市、县各级相关部门负责对调查成果进行自下而上逐级汇总和审核，调查成果审核通过后才能向上一级主管部门提交。通过历史灾害填报系统进行有效性检查，重点检查缺漏项、录入错误和逻辑错误，确保填报数据的合理性、规范性、有效性。各级调查单位还应对本级提交的数据进行去重排重、查询、修正，重点进行重复统计的审核，直至合格，确保全套调查数据质量。

1.4　信息化在普查中的作用

第一次全国自然灾害综合风险普查覆盖的灾害种类多、涉及部门多、成果形式多、任务综合性极强，因而需在技术上进行全面统筹和攻关。同时，数据质量是普查工作的核心，充分依托高校技术支撑团队的专业知识储备和科研力量，是全面提升数据的准确性、规范性、真实性、有效性和合理性的重要保障。

1.4.1　信息化技术在国家层面中的应用

按照支撑全国灾害综合风险普查"摸清底数、评估隐患、灾害区划"的总要求，综合运用云计算、大数据、物联网及空间地理信息等先进技术，于普查工作全面铺开前建成服务范围纵向贯穿国家、省、地、县四级政府，横向覆盖全国陆域及领海的全国灾害综合风险普查软件系统，支撑全国灾害综合风险普查工程实施以及各行业、各级政府普查数据的存储与汇集工作。

针对任务内容，综合运用了工程勘测、遥感解译、站点观测、问卷调查、资料调查、统计分析、建模仿真、地图绘制、抽查核查等多样化的手段。

充分运用高分辨率遥感影像，辅助各类调查和评估；充分利用地理信息系统的空间展示和管理功能，开展各类空间信息统一管理、分析评估和制图；搭建云计算环境，构建风险普查大数据管理与处理系统，实现全国调查和评估工作的实时在线处理。

1.4.2　地方普查工作中的信息化应用

内蒙古减灾委第一次技术支撑团队自2019年9月份开始参与普查工作，在两年的摸索过程中，形成了一系列适用于地方的数据采集和质控方法，具体包括：

（1）基于开源数据的采集系统，从数据采集源头把控质量。

为满足一线普查需求，基于开源网络数据，利用python编程语言开发了自动化采集系统，该系统构建了内蒙古地区乡镇-社区尺度行政区划数据库（我国有23个省、5个自治区、4个直辖市、2个特别行政区，即省级单位的行政区划数量较少，比较固定，而地市级单位，对于不同类别的省级单位可能会有所不同，内蒙古自治区的行政区划也具有一定的特殊性，我们针对内蒙古自治区的行政区划构建了精确到社区的行政区划数据库，包含各级行政区域的名称以及行政区划代码）和应急行业普查对象（具体包括8项公共服务承灾体、6项综合减灾资源和3项重点隐患）的关键词数据库。在普查过程中，提前将构建的普查对象目录下发到调查单位，解决采集过程中"应查尽查、不重不漏"的问题。

（2）基于调查样表的采集质控程序

针对调查数据中存在的填串行、逻辑关系填报不对、漏填漏报、没按要求填报等问题，与行业部门沟通，结合行业部门的需求，对调查数据的电子表格进行二次开发，实现了调查指标的逻辑内嵌。以历史灾害数据的填报为例，程序能够实现逐一指标、指标间逻辑关系检测，如果填报数据不符合逻辑，表格即不能录入或提示错误，确保采集质量。

（3）行政区划数据审核系统

在前期清查阶段构建的精确到社区的行政区划数据库的基础上，开发了该系统，能实现区划名称错别字检测、名称与代码对应关系检测、提供正确名称、提供并检测正确的点位信息。以赤峰市的2500多条行政区划数据为例，使用该系统进行审核只需30分钟，发现49条社区代码与名称不匹配、251条社区点位信息有误。而人工审核的话，按单人每条数据需要5分钟，且每天工作8小时算，审核2500多条数据单人至少需要30天才能完成，且不能保证100%正确。

（4）多指标漏报检测系统

为满足国务院普查办要求的调查数据需"应查尽查，不重不漏"的原则，通过清查发现存在漏报的情况，利用技术手段解决此问题，在应急行业普查对象的关键词数据库基础上，开发了该系统，实现了普查数据的漏报检测，这是人工几乎无法核验的。

（5）多要素综合质检系统

该系统能实现逻辑校验、填报范围超标检测、编码错误检测、点位信息异常检查、类别不匹配检测、名称及信用代码双向校验、各字段的合理性检测，而人工只能辨识逻辑与填报范围，其他检测很难做到。

（6）逐一指标质检系统

普查试点阶段涉及4个大类，11个中类，23个小类，由于各个表中的表项的值存在较大差异，故采取计算机程序自动化审核和人工审核相结合的手段对填报数据按字段进行逐一指标检测，总共发现1305行、948列、67328个单元格存在数据。将23个小类中共有的指标列为通用字段，包括机构名称、统一社会信用代码/机构编码、机构地址、填报人联系电话等，进行通用字段检测；其余字段逐一制定校验规则，建立"专家团队+市应急局+旗县级应急局"三方面联审机制，共同研讨确定指标阈值及指标之间的逻辑关系，反复迭代修订校验规则，实现精细质检。系统自动化生成审核结果文档，对问题数据用不同颜色标出，并以批注的形式标明问题所在，生成自动化质检报告。

上述工作是地方依据一线的普查需求在数据采集和质控方面所做的工作，以提高数据采集效率和保证数据质量。

本书主要介绍上述工作是如何实现和在地方如何应用的。

第二章　普查数据采集与质控核心技术

通过在内蒙古三个试点的清查、普查过程中，技术支撑团队全方位参与，总结发现需要POI数据采集技术、自然语言处理中的正则表达式、中文分词技术、Excel VBA质控技术、MongoDB数据库技术、Python数据分析和可视化等核心技术来更好地支撑普查全面、高效的开展。

2.1　POI数据处理技术

2.1.1　POI数据概述

POI（point of interest，兴趣点），主要是指一些日常生活中常见的地物实体，例如医院、银行、超市、餐厅和学校等。兴趣点是对这些地理实体的空间和属性信息描述的一个集合，它包含了实体的名称、地址和坐标等各类信息以及相关垂直行业信息等。POI数据是各大地图服务商所供应的电子地图中最常用的基础数据图层。POI具有数据量大、实用性强、属性信息全面统一等优势，对地理实体的位置描述有很大的帮助，在智能交通、导航地图等位置信息服务领域发挥着重要作用。关于地址匹配的研究一直是国内外的研究热点。为了更好地进行地址解析和匹配，人们研究地址匹配任务，旨在识别不同地址数据库的相同位置的地址，从而服务于地址融合、地理编码等应用需求。

2.1.2　POI数据采集技术

随着互联网时代的来临，使得POI数据的采集与生产方式呈现多样化、周期短、效率快等特点。传统的实地采集等方式逐渐被计算机编译、线上协作、网络爬取等手段所替代，使得POI数据的现势性、周期性问题得到解决。通过网络爬虫自动抓取互联网中的POI数据。网络爬虫是一个可以对网页内容进行获取的程序。使用者可以直接从一些专业类服务网站（例如大众点评，携程）上抓取或者购买，或者直接从公开的地图服务上的标注中进行筛选和获取。目前国内主流的互联网电子地图服务商都提供了开放平台，用户可通过API接口和网络爬虫程序采集获取所需的POI数据，以满足与POI相关的应用需求。

ICT（information and communications technology，信息与通信技术）时代的来临，使得POI数据的采集方式呈现多样化、周期短、效率快等特点。实地POI采集的速度慢，耗费较多的人工，但采集到的数据质量高，准确性强；门牌地址反向编译速度快，能够节约成本，但其得到的结果准确性较低；在线协作的POI数据生产可以很好地体现数据的共享性，但因为个体间的认知差异，获得的数据在表达方式及描述规则方面有较大的不同，使得数据在二次加工时有较大的难度；互联网POI数据有着较高的现势性，通过网络爬虫可获得大量数据，获取途径较广，来源较多，但因其多源性、导致数据的不一致性，在进行使用时需要数据的清洗等工作。总体来说，基于网络爬虫的POI数据采集方式，已成为现在POI数据获取的一大趋势，能够为POI数据的增量更新工作提供海量数据。

2.1.3 POI数据匹配技术

随着互联网的普及和电子商务的不断发展，互联网上的地址信息呈爆炸性增长，而中文地址表达的方式多种多样，无法准确地匹配表述不同的中文地址，这极大地限制了城市信息化的建设。地址是由地址要素构成的，地址要素是组成地址的基本单元，比如省、市、路、大厦、POI等信息，然而，由于人们手动输入地址可能会造成很多错误，而且没有统一的地址表述方式，导致互联网中中文地址的表达方式多种多样，进而增加了地址匹配的难度。

地址匹配技术是地址编码等领域的一项重要支撑技术，近年来受到了广泛的研究，而地址标准库建设作为地址匹配一项重要应用，为政府不同部分之间共享地址数据和城市信息化建设提供了很好的解决方案。地址标准库作为一类特殊的数据库，主要作用是地址数据的管理，包括地址的采集、匹配和融合。由领域专家手工定义地址匹配规则构建的地址标准库，虽然质量非常高，但是完成的过程中需要大量的人力和物力，而且地址的覆盖率也不高，更新缓慢，在大数据时代，情况更为严重，所以如何自动地进行地址匹配和融合成了当今研究的热点。

目前，比较流行的中文地址匹配方法主要分为三大类：

（1）基于中文分词的地址匹配算法。该类算法是基于建立未登录词的词典库对中文文本进行分词匹配，即直接匹配字符串。其中，逆向最大匹配BMM算法在进行中文文本分词时最为常用，这是因为中文文本的词义中心通常相对靠后，但是该方法需要建立完善的词典库，每当出现未登录词时，都需要及时对现有的词典库进行补充。

（2）基于统计分词的地址匹配方法。统计分词主要研究地址历史信息，若两个字符在地址信息中出现的词频较高，就能够推测这两个字符可能构成一个词。该方法主要基于词频进行分词，不需要词库支持，但对常用词的识别精度较差，在处理中文地址匹配时劣势较为明显。

（3）基于语义理解的地址匹配算法。中文地址由丰富的语义信息组成，通过对地址名称中不同的地址要素进行特征提取，可以在匹配时获取较高的精确率。

（4）基于知识图谱的中文地址匹配方法。该方法通过提取分层特征对标准地址数据、POI地址数据分别建立知识图谱，以应对地址多样性的问题；利用待测地址的间接信息建立待测地址知识图谱，通过基于选择性注意力机制的知识图谱的关系抽取方法对待测地址进行地址分类；最后通过计算知识图谱实体相似度的方法实现对非标中文地址的地址匹配。

2.1.4 POI数据相关处理技术在普查中的应用

在普查过程中涉及大量的名称、点位信息，而这些信息拥有大量的开源数据，利用POI开源数据采集和爬取技术全面详尽地获取百度POI、高德POI等地理位置信息，对于所有可能的调查对象，建立普查数据库，提前下发到调查单位，解决采集过程中"应查尽查、不重不漏"的问题。将POI数据匹配技术应用于灾害风险普查的目的是为了检测普查过程中调查对象的规范性名称与音译俗名之间的对应关系。比如在行政区划调查过程中，民政部门提供的名称不是规范性名称，特别是民族地区，地名往往是音译，名称错误情况特别普遍，这些问题不是每个调查人员都能够及时发现的。然而，基于POI数据采集技术构建关键词数据库可以实现普查数据基本信息的自动化填报，且正确率是100%。

2.2　Python爬虫技术

2.2.1　Python爬虫技术概述

随着互联网时代的到来，网络已成为海量信息的载体，人们为了大批量、持续性地从互联网中获取和下载所需的网络信息内容，抓取相关网页信息的网络爬虫也就应运而生。网络爬虫是一个自动提取网页的程序，它为搜索引擎从万维网上下载网页，是搜索引擎的重要组成。传统爬虫从一个或若干初始网页的URL开始，获得初始网页上的URL，在抓取网页的过程中，不断从当前页面上抽取新的URL放入队列，直到满足系统的一定停止条件。聚焦爬虫的工作流程较为复杂，需要根据一定的网页分析算法过滤与主题无关的链接，保留有用的链接并将其放入等待抓取的URL队列。然后，它将根据一定的搜索策略从队列中选择下一步要抓取的网页URL，并重复上述过程，直到达到系统的某一条件时停止。通俗地说，网络爬虫就是一个爬行程序，一个抓取网页的程序，它能够按照设定的规则，对互联网上的信息实现自动抓取。

2.2.2　Python爬虫的流程

网络爬虫从一个或若干初始网页的URL（Uniform Resource Locator，统一资源定位符）开始，根据特定的网页算法去掉一些与所需信息无关的网页链接，再持续地从当前网页上获得与所需信息强相关的新网页链接并放入待爬取队列中，对爬取队列中的URL中采集获取用户所需要的相关信息内容，遍历爬取队列直到为空。再将获取到的网页进行存储，并对网页内容进行清洗、过滤、信息抽取等数据分析工作，获得用户所需要的相关信息或数据。图2.1为通用网络爬虫工作流程图。

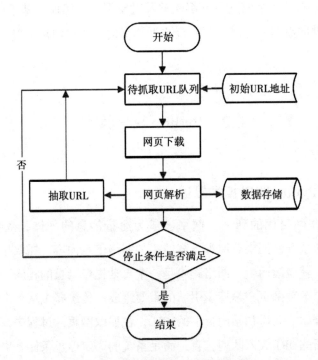

图2.1 通用网络爬虫工作流程图

对于数据采集问题，一般的思路是通过编写网络爬虫实现爬取目的。目前主流的网络爬虫实现工具主要有Scrapy、PySpider、Crawley、Portia、Newspaper等。在这些工具中，Scrapy作为一种广受欢迎的开源网络爬虫框架，其集成了高性能异步下载、队列存储机制、分布式处理、基础数据解析等功能于一身，以高层次、高效率、高集成而著称，相比于其他几种工具拥有更为明显的综合优势。此外，Scrapy拥有十分完备的技术资料，极大方便了开发过程。介于上述综合优势，在本次灾害风险普查清查阶段，我们选择Scrapy作为基础框架，设计了一种通用型网络爬虫实现普查数据对象采集的目的。

Scrapy用Python语言开发，其主要由7个不同的功能模块组成，其整体架构如图2.2所示（箭头代表数据流向）。

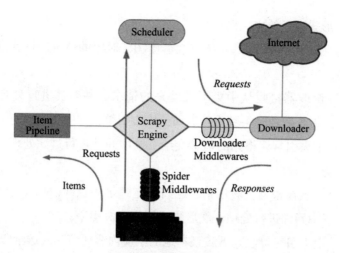

图2.2 Scrapy整体架构

从框架结构上，Scrapy主要由ScrapyEngine（中央引擎），Spiders（爬虫模块），Scheduler（调度器），Downloader（下载器），Item Pipeline（项目管道），Downloader Middlewares（下载中间件），Spider Middlewares（爬虫中间件）等7个部件组成。其中中央引擎是整个框架的核心，其负责处理整体的数据流，包括爬虫模块、项目管道、下载器以及调度器间的通信、数据传递等；爬虫模块负责处理所有响应（Responses），并通过定义在其中的爬取逻辑以及解析规则从响应中提取想要的项目（Item），同时还负责生成新的URL请求；调度器负责接收中央引擎发来的请求（Request），并按一定的规则进行处理后将请求保存在队列中，随时准备提供处理好的请求给中央引擎；下载器负责将中央引擎发送的请求对应的内容下载下来，并将其发送给爬虫模块进行处理；项目管道负责处理爬虫模块得到的项目对象，并对其进行分析、清洗、过滤、保存等处理；下载中间件是位于中央引擎与下载器之间的自定义扩展功能模块，主要用来处理中央引擎与下载模块之间的响应与请求；爬虫中间件是位于中央引擎与爬虫模块之间的自定义扩展功能模块，负责处理爬虫模块的响应与输出。

在工作流程上，如图2.2所示，Scrapy以爬虫模块为起点，以中央引擎为中枢，以项目管道为终点，以周期式循环作为主要工作方式，其中各个工作步骤详情如下所述：

步骤1：启动爬虫后，爬虫模块将预先设定的初始爬取链接URL以请求

（Request）形式发送给中央引擎；

步骤2：中央引擎接收到初始爬取链接URL对应的请求后将其发送给调度器模块处理；

步骤3：调取器接收从中央引擎发来的请求，并对其进行处理后入列保存，并在收到指令后随时将其重新返回给中央引擎；

步骤4：中央引擎将得到的请求交给下载中间件进行过滤处理，然后发送给下载器模块；

步骤5：下载器根据接收的请求，将指定地址中返回的响应（Response）内容交给下载中间件进行处理，然后再返回给中央引擎；

步骤6：中央引擎接收到下载至本地的响应内容后将其发送给爬虫模块；

步骤7：爬虫模块根据预先写好的方法对响应内容进行解析，将想要保存的内容保存为项目（items），同时将下一步要爬取的链接保存为新的请求，然后将二者再次返回中央引擎；

步骤8：中央引擎将爬虫模块返回的项目发送给项目管道进行保存，将请求发送给调度器进行新的入列操作，并以此完成一个爬取周期。当调度器中的内容为空时，整个爬取过程结束，爬虫将停止工作。

需要特别指出的是，在上述模块中，中央引擎、调度器、下载器的所有功能代码已经由框架实现，无须用户编写；下载中间件、爬虫中间件的部分功能需要用户根据实际需要进行扩展完善；而爬虫模块、项目管道则需要根据要爬取的网站特点进行完全定制。这是因为中央引擎、调度器、下载器主要负责框架内部的信息传输，属于通用性功能，不会因爬取目标的不同而变化；爬虫模块、项目管道主要负责web页面中具体信息的提取、处理或保存功能，由于不同web页面的结构不同，因此其对应的信息提取规则或处理逻辑也不同。

综上所述，在使用Scrapy框架构建网络爬虫时，必须根据要爬取的目标网站设计相应的web页面分析方法与信息提取规则。

2.2.3 Python爬虫的抓取策略

对于搜索引擎来说，要抓取互联网所有网页是无法实现的。一方面是因为一些网页无法从其他网页链接中得到，另一方面由于存储和处理技术的局限，导致爬取程序无法覆盖所有网页，爬虫程序只抓取一些重要的网页。因此待爬取队列中网络链接的排列方式对数据爬取的结果与效率有着关键作用，于是决定这些URL排列次序的方法称之为抓取策略。针对不同类型的网址和用户需求，在爬取过程中采用的抓取策略也会发生改变。常见的抓取策略主要有以下几种：

（1）深度优先遍历策略

深度优先遍历策略是指爬虫程序从起始页开始进行网页爬取，对该网页中包含的链接进行持续跟踪，直到遍历完该链接线路中所有的网络地址，才对初始页中的下一条线路继续爬取，直至完成全部内容的爬取。

（2）广度优先遍历策略

广度优先策略是对网页进行分层处理，按照网络链接的层次进行搜索获取，只有初始网页包含的所有链接搜索完成，才会进入下一层链接进行搜索，即程序会按网络链接层顺序进行网页爬取，一直到搜索完成所有的内容。由于广度优先遍历策略属于贪婪式搜索，它是对整张网络进行搜索获取，对结果存在的可能位置和数量等问题不做考虑，因而效率相对较低，但该方式会尽可能地覆盖较多的网页或内容。

（3）Partial Page Rank策略

Partial Page Rank策略借鉴Page Rank策略思想，将已经下载的网页和待抓取URL队列中的URL构成一个网页集合，计算每个页面的Page Rank值；计算完成后，每个网页都会有相应的一个值，对这些值进行大小排列，将已经下载网页从集合中剔除，集合内剩余的网页按照该顺序进行页面抓取。

2.2.4　Python爬虫技术在普查中的应用

在自然灾害风险普查过程中，各类对象的清查和调查是普查工作的关键实施步骤，特别是在全面普查铺开之前，形成清查目录、确定普查任务量，才能使后期的普查有的放矢。对于像重大自然灾害的调查，由国务院普查办会同相关行业部门确定1949—2020年达到重大自然灾害阈值标准的事件清单和事件涉及县级行政区范围，以及煤矿企业调查，各省煤矿数量根据国家矿山安全监察局认定为准，截至2020年8月28日，全国共有5069座煤矿，这两类对象的调查范围清单很明确。而对于其他调查对象，由于调查人员自身的原因，不可避免地会出现漏报、超范围填报、填报信息不规范等问题。而互联网中蕴含着大量的POI名称、统一社会信用代码、机构代码及地址等基础信息，爬虫技术的出现从一定程度上弥补了地理信息采集过程中数据成本高、工作量大、效率和时效性低等问题。利用爬虫技术获取多源的POI数据后，经过一致化与整合处理后可以形成可持续更新的普查目录数据库，弥补人工误报等不足，从而为普查数据调查提供支持。

2.3　自然语言处理技术

2.3.1　自然语言处理技术概述

自然语言是指汉语、英语、法语等人们日常使用的语言，是人类社会发展演变而来的语言，而不是人造的语言，它是人类学习生活的重要工具。概括说来，自然语言是指人类社会约定俗成的，区别于程序设计语言的人工语言。在整个人类历史上以语言文字形式记载和流传的知识占到知识总量的80%以上。就计算机应用而言，据统计，用于数学计算的仅占 10%，用于过程控制的不到5%，其余85%左右都是用于语言文字的信息处理。处理包含理解、转化、生成等过程。

自然语言处理，是指用计算机对自然语言的形、音、义等信息进行处理，即对字、词、句、篇章的输入、输出、识别、分析、理解、生成等的操作和加工。实现人机间的信息交流，是人工智能、计算机科学和语言学所共同关注的重要问题。自然语言处理的具体表现形式包括机器翻译、文本摘要、文本分类、文本校对、信息抽取、语音合成、语音识别等。可以说，自然语言处理就是要计算机理解自然语言。自然语言处理机制涉及两个流程，包括自然语言理解和自然语言生成。自然语言理解是指计算机能够理解自然语言文本的意义，自然语言生成则是指能以自然语言文本来表达给定的意图。

采用计算机技术来研究和处理自然语言是从 20 世纪 40 年代末 50 年代初开始的，经过六七十年的发展，这项研究取得了长足的进展，在当今的大数据时代，自然语言处理（Natural Language Processing, NLP）引起了计算机专家、语言学家及数学家等越来越多学者的重视，成为一门涉及语言科学、计算机科学、数学、认知学及逻辑学的典型边缘交叉学科。近年来，人工智能的发展促进了自然语言处理技术的发展，同时，自然语言处理也是计算机科学领域与人工智能领域中的一个重要研究方向。

实现人机间自然语言通信意味着要使计算机既能理解自然语言文本的意义，也能以自然语言文本来表达给定的意图、思想等。前者称为自然语言理解，后者称为自然语言生成。因此，自然语言处理大体包括了自然语言理解和自然语言生成两个部分。无论实现自然语言理解，还是自然语言生成，都远不如人们原来想象的那么简单，而是十分困难的。从现有的理论和技术现状看，实现通用的、高质量的自然语言处理系统，仍然是较长期的努力目标。

造成自然语言理解和自然语言生成困难的根本原因是自然语言文本和对话的各个层次上广泛存在的各种各样的歧义性或多义性（ambiguity）。自然语言的形式（字符串）与其意义之间是一种多对多的关系，其实这也正是自然语言的魅力所在。但从计算机处理的角度看，我们必须消除歧义，而且有人认为它正是自然语言理解的中心问题，即要把带有潜在歧义的自然语言输入转换成某种无歧义的计算机内部表示。歧义现象的广泛存在使得消除它们需要大量的知识和推理，这就给基于语言学的方法、基于知识的方法带来了巨大的困难，因而以这些方法为主流的自然语言处理研究几十年来一方面在理论和方法方面取得了很多成就，但在能处理大规模真实文本的系统研制方面，成绩并不显著。

2.3.2　自然语言处理技术发展简史

梳理自然语言处理的发展历程对于我们更好地了解自然语言处理这一学科有着重要的意义。70多年来自然语言处理技术的研究和发展大体经历了三个阶段：基于规则方法的早期阶段（20世纪50年代初至70年代）；基于统计方法的中期阶段（20世纪70年代至2008年）；基于深度学习的新一代自然语言处理技术蓬勃发展阶段（2008年至今）。

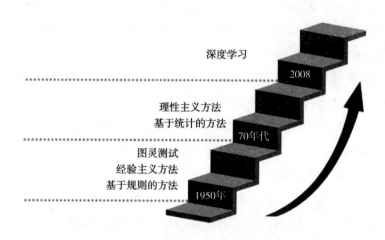

图2.3 自然语言处理技术发展阶段

（1）基于规则方法的早期阶段（20世纪50年代初至70年代）

1950年图灵提出了著名的"图灵测试"，这一般被认为是自然语言处理思想的开端，20世纪50年代到70年代自然语言处理主要采用基于规则的方法，研究人员认为自然语言处理的过程和人类学习认知一门语言的过程是类似的，所以大量的研究员基于这个观点来进行研究，这时的自然语言处理停留在理性主义思想阶段，以基于规则的方法为代表。但是基于规则的方法具有不可避免的缺点，首先规则不可能覆盖所有语句，其次这种方法对开发者的要求极高，开发者不仅要精通计算机还要精通语言学，因此，这一阶段虽然解决了一些简单的问题，但是无法从根本上将自然语言理解实用化。

（2）基于统计方法的中期阶段（20世纪70年代至2008年）

70年代以后随着互联网的高速发展，丰富的语料库成为现实，硬件不断更新完善，自然语言处理思想由经验主义向理性主义过渡，基于统计的方法逐渐代替了基于规则的方法。贾里尼克和他领导的IBM华生实验室是推动这一转变的关键，他们采用基于统计的方法，将当时的语音识别率从70%提升到90%。在这一阶段，自然语言处理基于数学模型和统计的方法取得了实质性的突破，从实验室走向实际应用。

（3）基于深度学习的新一代自然语言处理技术蓬勃发展阶段（2008年至今）

从2008年到现在，在图像识别和语音识别领域的成果激励下，人们逐渐开始引入深度学习来做自然语言处理研究，由最初的词向量到2013年的

word2vec，将深度学习与自然语言处理的结合推向了高潮，并在机器翻译、问答系统、阅读理解等领域取得了一定成功。深度学习是一个多层的神经网络，从输入层开始经过逐层非线性的变化得到输出。从输入到输出做端到端的训练。把输入到输出对的数据准备好，设计并训练一个神经网络，即可执行预想的任务。RNN已经是自然语言处理最常用的方法之一，GRU、LSTM等模型相继引发了一轮又一轮的热潮。近年，自然语言处理在词向量（word embedding）表示、文本的编码（encoder）和反编码（decoder）技术以及大规模预训练模型（pre-trained）的方法极大地促进了自然语言处理的研究。

2.3.3 自然语言理解和分析的层次化过程

自然语言的理解和分析是一个层次化的过程，许多语言学家把这一过程分为五个层次，可以更好地体现语言本身的构成，五个层次分别是语音分析、词法分析、句法分析、语义分析和语用分析。

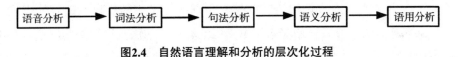

图2.4 自然语言理解和分析的层次化过程

（1）语音分析是要根据音位规则，从语音流中区分出一个个独立的音素，再根据音位形态规则找出音节及其对应的词素或词。在有声语言中，最小可独立的声音单元是音素，音素是一个或一组音，它可与其他音素相区别。如pin和bin中分别有/p/和/b/这两个不同的音素，但pin、spin和tip中的/p/是同一个音素，它对应了一组略有差异的音。语音分析则是根据音位规则，从语音流中区分出一个个独立的音囊，再根据音位形态规则找出一个个音节及其对应的词素或词。

（2）词法分析是找出词汇的各个词素，从中获得语言学的信息。词法分析的主要目的是找出词汇的各个词素，从中获得语言学信息，如unchangeable是由un-change-able构成的。在英语等语言中，找出句子的一个个词汇是一件很容易的事情，因为词与词之间是有空格来分隔的。但要找出各个词素就复杂得多。而在汉语中的每个字就是一个词素。所以要找出各个词素是相当容易的，但要切分出各个词就非常困难。如"我们研究所有东西。"，可以是"我们—研究所—有东西。"，也可以是"我们—研究—所有—东西。"。

通过词法分析可以从词素中获得许多语言学信息。英语中构成词尾的词素"s"通常表示名词复数，或动词第三人称单数，"ly"是副词的后缀，而"ed"通常是动词的过去时过去分词等，这些信息对于句法分析是非常有用的。另一方面，一个词可有许多的派生、变形，如work，可变化出works，worked，working，worker，workable 等。这些词如果全放入词典将是非常庞大的，而它们的词根只有一个。

（3）句法分析是对句子和短语的结构进行分析，目的是要找出词、短语等的相互关系以及各自在句中的作用。句法分析是对句子和短语的结构进行分析。句法分析的最大单位是一个句子。分析的目的就是找出词、短语等的相互关系以及各自在句中的作用等，并以一种层次结构来加以表达。这种层次结构可以反映从属关系、直接成分关系，也可以是语法功能关系。自动句法分析的方法很多，有短语结构文法、格语法、扩充转移网络、功能语法等。

（4）语义分析是找出词义、结构意义及其结合意义，从而确定语言所表达的真正含义或概念。理解语言的核心是理解语义。随着自然语言处理的发展，越来越多的研究者开始侧重于语义层的研究，句法则退居到第二位。对于语言中的实词而言，每个词都是用来称呼事物，表达概念。句子是由词组成的，句子的意义与词义直接相关，但不等于词义的简单相加。"我打他"与"他打我"，词汇完全相同，但表达的意义完全相反。因此，还应考虑句子的结构意义。语义分析就是要找出词义、结构意义及其结合意义，从而确定语言所表达的真正含义或概念。在自然语言处理中，语义愈来愈成为一个重要的研究内容。

语用分析是研究语言所存在的外界环境对语言使用者所产生的影响。语用就是研究语言所存在的外界环境对语言使用所产生的影响。它描述语言的环境知识，语言与语言使用者在某个给定语言环境中的关系。关注语用信息的自然语言处理系统更侧重于讲话者/听话者模型的设定，而不是处理嵌入到给定话语中的结构信息。研究者们提出了很多语言环境的计算模型，描述讲话者和他的通信目的，听话者及他对说话者信息的重组方式。构建这些模型的难点在于如何把自然语言处理的不同方面以及各种不确定的生理、心理、社会、文化等背景因素集中到一个完整的连贯的模型中。

讨论自然语言的分层结构，讨论每层的信息处理任务和功能，以及在整体结构中的位置。这对全面理解NLP领域中的各种处理方法会有很大帮助。针对灾害风险普查清查阶段数据采集、数据填报以及数据审核的需求，在系统软件开发的过程中，为了提高系统稳定性和检测的有效性，我们将自然语言处理技术应用其中，做为辅助，使用了其中的正则表达式、中文分词技术和中文关键词提取技术，分别实现了数据漏报检测、对名称和地址类数据分词处理和基于关键词检索的数据采集。下面我们来详细介绍这三类技术的基本实现原理和特点。

2.3.4　自然语言处理关键技术

2.3.4.1　正则表达式

（1）正则表达式的概念及特点

正则表达式（Regular Expression，简称为RE）是对字符串操作的一种逻辑公式，就是用事先定义好的一些特定字符、以及这些特定字符的组合，组成一个"规则字符串"，这个"规则字符串"用来表达对字符串的一种过滤逻辑。正则表达式通常被用来检索、替换那些符合某个模式（规则）的文本。给定一个正则表达式和另一个字符串，我们可以达到如下的目的：

（a）给定的字符串是否符合正则表达式的过滤逻辑（称作"匹配"）；

（b）可以通过正则表达式，从字符串中获取我们想要的特定部分。

正则表达式的特点是：

（a）灵活性、逻辑性和功能性非常强；

（b）可以迅速地用极简单的方式达到字符串的复杂控制。

（c）对于刚接触的人来说，比较晦涩难懂。

通过正则表达式可以以十分简洁高效的方式实现对字符串的复杂控制，因此其常作为一种基于规则匹配的信息提取方法广为使用。在风险普查清查阶段，我们利用正则表达式为基本工具，构建正则表达式提取模型，以内蒙古自治区巴林右旗的8项承灾体、6项综合减灾资源（能力）、3项重点隐患为核验对象，有效地实现了巴林右旗辖区的学校、医疗卫生结构、提供住宿的社会服务机构、公共文化场所、旅游景区、星级饭店、宗教活动场所、大型超市、百货店和亿元以上商品交易市场等8大承灾体，以及涉灾政府部门、消防救援队伍、救灾物资储备库、保险企业、乡镇单元、行政村单元等6项减灾资源，地下矿山、露天矿山和尾矿3项重点隐患的漏报检测。

（2）正则表达式的基本原理

在原理上，正则表达式属于乔姆斯基文法体系中的Ⅲ型文法，对应于有限状态自动机。因此，正则表达式主要采用确定性有限状态自动机（Deterministic Finite Automaton，简称DFA）以及非确定性有限状态自动机（Non-deterministic Finite Automaton，简称NFA）作为实现引擎。这两种自动机均由一个非空的有限状态集合Q、输入字符串∑、状态转移函数δ、开始状态s以及可接受状态集合F组成，其可以被表示为A=（Q, ∑, δ, s, F）。两种自动机的区别在于转移函数δ的不同，其中DFA对每一个输入只对应一个转移状态，而NFA可对应多个转移状态。在使用自动机实现字符匹配时，DFA采用的思路是文本主导，即在读入文本时会首先记录当前所有匹配内容的位置，然后不断排除掉不符合条件的内容，最终匹配到最长的可能项作为结果；NFA采用的思路是表达式主导，其通过回溯算法以固定序列依次测试与表达式当前部分匹配的内容，并以第一个匹配项作为结果。

（3）正则表达式的使用方法

正则表达式从表面上看更像是一套运算语言，其主要由普通字符以及元字符组成。在实际应用中，通过将这些元素以符合正则规则的方式进行组合，便可对字符串模板进行描述，从而实现从文本中提取一个（或一组）字符集合的目的。在工程实践中，许多编程语言都默认支持正则表达式，因此只需要针对想要提取的内容编写正确的正则表达式，即可实现指定信息提取的目的。常用的正则表达式元字符及其含义如表2-1所示。

表2-1　正则表达式常用元字符及其含义

\	将下一个字符标记为一个特殊字符、或一个原义字符、或向后引用
^	匹配输入字符串的开始位置。如果设置了RegExp对象的Multiline属性，^也匹配"\n"或"\r"之后的位置。
$	匹配输入字符串的结束位置。如果设置了RegExp对象的Multiline属性，$也匹配"\n"或"\r"之前的位置。
*	匹配前面的子表达式零次或多次。例如，zo*能匹配"z"以及"zoo"。*等价于{0,}。
+	匹配前面的子表达式一次或多次。例如，"zo+"能匹配"zo"以及"zoo"，但不能匹配"z"。+等价于{1,}。

续表

?	匹配前面的子表达式零次或一次。例如，"do(es)?"可以匹配"does"或"does"中的"do"。?等价于{0,1}。 当该字符紧跟在任何一个其他限制符（*,+,?，{n}，{n,}，{n,m}）后面时，匹配模式是非贪婪的。非贪婪模式尽可能少地匹配所搜索的字符串，而默认的贪婪模式则尽可能多地匹配所搜索的字符串。例如，对于字符串"oooo"，"o+?"将匹配单个"o"，而"o+"将匹配所有"o"。
{n}	n是一个非负整数。匹配确定的n次。例如，"o{2}"不能匹配"Bob"中的"o"，但是能匹配"food"中的两个o。
{n,}	n是一个非负整数。至少匹配n次。例如，"o{2,}"不能匹配"Bob"中的"o"，但能匹配"fooooood"中的所有o。"o{1,}"等价于"o+"。"o{0,}"则等价于"o*"。
{n,m}	m和n均为非负整数，其中n<=m。最少匹配n次且最多匹配m次。例如，"o{1,3}"将匹配"fooooood"中的前三个o。"o{0,1}"等价于"o?"。请注意在逗号和两个数之间不能有空格。
.	匹配除"\n"之外的任何单个字符。要匹配包括"\n"在内的任何字符，请使用像"(.|\n)"的模式。
(pattern)	匹配pattern并获取这一匹配。所获取的匹配可以从产生的Matches集合得到，在VBScript中使用SubMatches集合，在JScript中则使用$0…$9属性。要匹配圆括号字符，请使用"\("或"\)"。
(?:pattern)	匹配pattern但不获取匹配结果，也就是说这是一个非获取匹配，不进行存储供以后使用。这在使用或字符"(|)"来组合一个模式的各个部分是很有用。例如"industr(?:y|ies)"就是一个比"industry|industries"更简略的表达式。
(?=pattern)	正向肯定预查，在任何匹配pattern的字符串开始处匹配查找字符串。这是一个非获取匹配，也就是说，该匹配不需要获取供以后使用。例如，"Windows(?=95|98|NT|2000)"能匹配"Windows2000"中的"Windows"，但不能匹配"Windows3.1"中的"Windows"。预查不消耗字符，也就是说，在一个匹配发生后，在最后一次匹配之后立即开始下一次匹配的搜索，而不是从包含预查的字符之后开始。
(?!pattern)	正向否定预查，在任何不匹配pattern的字符串开始处匹配查找字符串。这是一个非获取匹配，也就是说，该匹配不需要获取供以后使用。例如"Windows(?!95|98|NT|2000)"能匹配"Windows3.1"中的"Windows"，但不能匹配"Windows2000"中的"Windows"。预查不消耗字符，也就是说，在一个匹配发生后，在最后一次匹配之后立即开始下一次匹配的搜索，而不是从包含预查的字符之后开始
(?<=pattern)	反向肯定预查，与正向肯定预查类似，只是方向相反。例如，"(?<=95|98|NT|2000)Windows"能匹配"2000Windows"中的"Windows"，但不能匹配"3.1Windows"中的"Windows"。Pattern必须为固定长度，不能含有*+等字符

续表

(?<!pattern)	反向否定预查，与正向否定预查类似，只是方向相反。例如"(?<!95|98|NT|2000)Windows"能匹配"3.1Windows"中的"Windows"，但不能匹配"2000Windows"中的"Windows"。
X|y	匹配x或y。例如，"z|food"能匹配"z"或"food"。"(z|f)ood"则匹配"zood"或"food"。
[xyz]	字符集合。匹配所包含的任意一个字符。例如，"[abc]"可以匹配"plain"中的"a"。
[^xyz]	负值字符集合。匹配未包含的任意字符。例如，"[^abc]"可以匹配"plain"中的"p"。
[a-z]	字符范围。匹配指定范围内的任意字符。例如，"[a-z]"可以匹配"a"到"z"范围内的任意小写字母字符。
[^a-z]	负值字符范围。匹配任何不在指定范围内的任意字符。例如，"[^a-z]"可以匹配任何不在"a"到"z"范围内的任意字符。
\b	匹配一个单词边界，也就是指单词和空格间的位置。例如，"er\b"可以匹配"never"中的"er"，但不能匹配"verb"中的"er"。
\B	匹配非单词边界。"er\B"能匹配"verb"中的"er"，但不能匹配"never"中的"er"。
\cx	匹配由x指明的控制字符。例如，\cM匹配一个Control-M或回车符。x的值必须为A-Z或a-z之一。否则，将c视为一个原义的"c"字符。
\d	匹配一个数字字符。等价于[0-9]。
\D	匹配一个非数字字符。等价于[^0-9]。
\f	匹配一个换页符。等价于\x0c和\cL。
\n	匹配一个换行符。等价于\x0a和\cJ。
\r	匹配一个回车符。等价于\x0d和\cM。
\s	匹配任何空白字符，包括空格、制表符、换页符等等。等价于[\f\n\r\t\v]。
\S	匹配任何非空白字符。等价于[^ \f\n\r\t\v]。
\t	匹配一个制表符。等价于\x09和\cI。
\v	匹配一个垂直制表符。等价于\x0b和\cK。
\w	匹配包括下划线的任何单词字符。等价于"[A-Za-z0-9_]"。
\W	匹配任何非单词字符。等价于"[^A-Za-z0-9_]"。
\xn	匹配n，其中n为十六进制转义值。十六进制转义值必须为确定的两个数字长。例如，"\x41"匹配"A"。"\x041"则等价于"\x04&1"。正则表达式中可以使用ASCII编码。.
\num	匹配num，其中num是一个正整数。对所获取的匹配的引用。例如，"(.)\1"匹配两个连续的相同字符。
\n	标识一个八进制转义值或一个向后引用。如果\n之前至少n个获取的子表达式，则n为向后引用。否则，如果n为八进制数字（0-7），则n为一个八进制转义值。

40

\nm	标识一个八进制转义值或一个向后引用。如果\nm之前至少有nm个获得子表达式，则nm为向后引用。如果\nm之前至少有n个获取，则n为一个后跟文字m的向后引用。如果前面的条件都不满足，若n和m均为八进制数字（0-7），则\nm将匹配八进制转义值nm。
\nml	如果n为八进制数字（0-3），且m和l均为八进制数字（0-7），则匹配八进制转义值nml。
\un	匹配n，其中n是一个用四个十六进制数字表示的Unicode字符。例如，\u00A9匹配版权符号（©）。
\f	匹配一个换页符。等价于\x0c和\cL。
\n	匹配一个换行符。等价于\x0a和\cJ。
\r	匹配一个回车符。等价于\x0d和\cM。
\s	匹配任何空白字符，包括空格、制表符、换页符等等。等价于[\f\n\r\t\v]。
\S	匹配任何非空白字符。等价于[^ \f\n\r\t\v]。

2.3.4.2 中文分词技术

中文分词是中文信息处理技术中最基础、最关键的一个环节。分词又叫切词，就是把一个句子中的词汇按照使用时的意义切分出来。对英文而言，是以词为单位，词与词之间有空格隔开，而中文是以字为单位，多个字连在一起才能构成一个表达具体含义的词，词与词之间没有分割，很明显，相比英文分词，中文词汇的分割要复杂得多。若要使计算机与人类达到自由无障碍的语言交互，就必须让计算机能理解自然语言。只有当汉字串组成的句子被准确地转化为词之后，才能继续进一步工作。对于本次灾害风险普查而言，对名称和地址类数据进行分词处理，可以极大提升系统稳定性和检测的有效性，进而实现普查实体重复性检测、漏报检测等。

中文分词有三大难点问题，即分词规范、歧义识别和未登录词识别。人们在阅读文章时能识别出每一个词汇，靠的是对语言的理解和积累而形成的思维，对于不具备这种思维的计算机来说，能够识别出汉语词汇的边际，这样看似简单的问题，却难倒了许多学者。下面是对这三大难题的具体描述。

（1）分词规范

在汉语研究学界中，有关"词"的定义，迄今为止仍没有一个具有权威性的汉语核心词表。主要困难有两方面：单词与词素之间的划界；词与短语词组的划界。对于不同阶层、不同文化程度的人来说，语感以及对词的认识标准也会有很大差异。有关专家的调查表明，在以汉语为母语的被测试者之间，对中文文本词汇的认同率只有大约70%。所以，从计算的严格意义上说，自动分词是一个没有明确定义的问题。

1992年，国家标准局颁布了作为国家标准的《信息处理用现代汉语分词规范》（GB13715），在这个标准中，用了很多规范来规定词汇的范围。例如，《规范》4.2规定："二字或三字词，以及结合紧密、使用稳定的二字或三字词组，一律为分词单位"，但是"紧密"和"稳定"之类的词在实际操作中肯定受很多主观因素影响。在其他规定中也常常出现"结合紧密、使用稳定"这些主观条件。由于规定的尺度难以把握，所以《规范》的出台，并没有统一对词汇的认识，自动分词系统的评测标准建立也是有待解决的一大问题。

（2）歧义识别

歧义是汉语中普遍存在的问题，因此切分歧义词也是汉语分词中的一大难题。形式上相同的一段文字，在不同的场景或语境中，可以切分出不同的结果，有不同的含义。歧义问题有交叉歧义、组合歧义，交叉歧义是指若ABC分别代表一个字或多个字组成的字串，而A，AB，BC，C都是词表中的词，比如字串"部分居民生"，可以分为"部分/居民/生"，也可分为"部/分居/民生"，组合歧义是指在字串AB中，如果A，B，AB都是词表中的词，则AB为组合歧义字串，比如"马上"，可以是"马/上"，也可以是"马上"。

常用的歧义字段发现方法是双向扫描，就是对同一字符串，分别采用正向匹配和逆向匹配两种方法来切分文本，如果得到的结果一样，则认为切分正确，否则视为存在歧义字段。例如"这个计划的确定得不错"正向匹配结果为"这个|计划|的|确定|得|不错"，逆向匹配结果为"这个|计划|的|确定|得|不错"，这样就发现了歧义字段的存在。另外一种改进方法是采用正向最小匹配加上逆向最大匹配，它不仅能识别交集歧义字段，还能识别组合歧义字段。在"他下周将来上海"一句中，逆向最大匹配为"他|下周|将来|上海"，正向最小匹配结果为"他|下周|将|来|上海"。这样，多义组合字段"将来"就被发现了。

分词消歧主要有两种方法，一种是基于规则的分词消歧，另一种是基于统计方法的分词消歧。基于规则的分词消歧首先要根据一定规则进行预处理，借助一些特殊标记，把输入文本转化成为较短的字符串。这些标记可以包括标点符号、数字等非汉字字符。也可以将经过统计得出的一些作为首字和词尾的汉字作为分割标记。这样的预处理可以减轻后续过程的负担。要想在分词阶段就消除歧义的系统，就要建立分词知识库，根据分词规则处理歧义字段，这类规则分别包括通用规则和专用规则。通用规则是从大量歧义现象中归纳出来的，适用于同类所有歧义字段。专用规则针对某一特定的歧义字段。基于统计方法的分词消歧，是在规则无效的前提下，使用统计信息来消除歧义。最常用的有基于词频的消歧方法和基于互信息t-测试差的歧义切分法。基于词频的方法通过统计单词的使用频率来确定歧义切分结果，但这种方法有很大的局限性。单纯使用词频信息，对于频率低的词来说将永远得不到正确的划分，错误率较高。所以，更好的方法是通过自动标注来解决歧义，计算每条分词路径的概率值，选取概率较大的作为切分结果。互信息可以反映汉字之间结合关系的紧密程度。t-测试是3个汉字之间结合力的相对度量。利用这两种方法来解决分词中交集型歧义，其最大特点是获取过程完全自动化。实验显示它具有和基于词频的方法大致相当的处理能力，能够胜任较高程度的分词需要。

（3）未登录词识别

这也是判断分词系统好坏的关键。未登录词是指没有被收录在分词词表中但是必须切分出来的词，包括各类专有名词（人名、地名、机构名）、缩写词、新增词汇等。未登录词和歧义现象是影响中文分词准确率的两大因素，两者之中，未登录词造成的影响更为严重。在真实的文档和语料库中，专有名词和术语占了很大比例，词典在多数情况下很难包括这些词汇。统计显示，未登录词所带来的错误大大高于歧义现象，要从根本上提高分词系统的实用性，就必须依靠构词规则和统计的方法，自动获取未登录词。对于本次普查，涉及大量机构名和行政区划代码等名称信息的检测和识别，因此首先要搜集大量的名称信息，以便构建名称语料库，从库中发现统计规律，再将其应用到具体填报数据中的名字和代码辨识上。实验证明这种方法在机构名称和相关代码识别上取得了很好的效果。

目前的中文分词方法主要有四大类，分别为基于字符串匹配的分词方法、基于理解的分词方法、基于统计的分词方法和基于深度学习的分词方法。

（1）基于字符串匹配的分词方法

基于字符串匹配的分词方法又称机械分词法，其原理是将被检测的字符串与一个庞大的机器字典中的词进行匹配。按照扫描方向的不同，字符串匹配的方法可以分为正向匹配和逆向匹配；按照不同长度优先匹配的情况，可以分为最大匹配和最小匹配；按照是否与词性标注过程相结合，又可以分为单纯分词方法和分词与标注相结合的算法。常用的匹配方式有：

（a）正向最大匹配法

该方法是基于词典的分词系统。所谓最大匹配，就是要求每一句的分词结果中的词汇总量要最少。正向最大匹配分词又分为增字和减字匹配法。增字匹配法需要一种特殊的词典结构支持，能够达到较高的分词效率。减字法的流程为，首先读入一句句子，取出标点符号，这样句子就被分成相应的若干段，然后对每一段进行词典的匹配，如果没有匹配成功就从段末尾减去一个字，再进行匹配，重复上述过程，直到匹配上某一个单词。整句句子重复这些流程，直到句子全部分解成词汇为止。如果事先知道词典中最长词的长度，那么在一开始的匹配中，不用将分割出来的整段语句与词典匹配，只需要以最长词的长度为最大切分单位进行切分就可以了。比如"走路和气质"，采用此法切分为："走路/和气/质"。

（b）逆向最大匹配法

逆向最大匹配分词与正向最大匹配分词相反，从句子结尾开始进行分词。统计结果表明，单纯使用正向最大匹配的错误率为1 / 169，单纯使用逆向最大匹配的错误率为1 / 245，显然逆向最大匹配的切分正确率有更大的优势。针对上例，使用逆向最大匹配法的切分结果为："走路/和/气质"。

（c）最少切分法

使每一句中切出的词数量最少。

在实际应用中还可以将上述各种方法相互组合，比如双向最大匹配法。这类算法的优点是速度快，时间复杂度可以保持在o（n），实现简单，效果尚可，但是对歧义和未登录词处理效果不佳。

（2）基于理解的分词方法

该方法是通过计算机来模拟人类对句子的理解过程，达到分词的目的。其基本思想就是在分词的同时进行句法、语义分析，利用句法信息和语义信息来处理歧义现象。它通常包括三个部分：分词子系统、句法语义子系统、总控部分。在总控部分的协调下，分词子系统可以获得有关词、句子等的句法和语义信息来对分词歧义进行判断，即它模拟了人对句子的理解过程。这种分词方法需要使用大量的语言知识和信息。由于汉语语言知识的笼统、复杂性，难以将各种语言信息组织成机器可直接读取的形式，因此目前基于理解的分词系统还处在试验阶段。

（3）基于统计的分词方法

汉语形式上是字与字的组合。在一个足够大的语料库中，有意义的词汇出现概率往往体现出一定的统计规律，即相邻的字出现的频率越高，构成词的可能性就越大。因此汉字之间的相邻关系能够说明若干汉字成词的可能性。使用统计方法的分词系统，可以通过对语料库的信息进行统计分析，不需要切分词典，故可以实现无词典分词。随着大规模语料库的建立，统计机器学习方法的研究和发展，基于统计的中文分词方法渐渐成为了主流方法。主要的统计模型有：N元文法模型（N-gram），隐马尔可夫模型（Hidden Markov Model，HMM），最大熵模型（ME），条件随机场模型（Conditional Random Fields，CRF）等。基于统计的分词方法包括：N-最短路径方法、基于词的n元语法模型的分词方法、由字构词的汉语分词方法、基于词感知机算法的汉语分词方法、基于字的生成式模型和区分式模型相结合的汉语分词方法。

（4）基于深度学习的分词方法

近几年，深度学习方法为分词技术带来了新的思路，直接以最基本的向量化原子特征作为输入，经过多层非线性变换，输出层就可以很好地预测当前字的标记或下一个动作。在深度学习的框架下，仍然可以采用基于子序列标注的方式，或基于转移的方式，以及半马尔科夫条件随机场。这类方法首先对语料的字进行嵌入，得到字嵌入后，将字嵌入特征输入给双向LSTM，输出层输出深度学习所学习到的特征，并输入给CRF层，得到最终模型。现有的方法包括：LSTM+CRF、BiLSTM+CRF等。

综上所述，中文词语分析一般都需要包括3个过程：预处理过程的词语粗切分，切分排歧与未登录词识别和词性标注。目前中文词语分析采取的主要步骤是：先采取最大匹配、最短路径、概率统计或全切分等方法，得到一个相对好的粗分结果，然后进行排歧、未登录词识别，最后标注词性。在实际的系统中，这三个过程可能相互交叉，反复融合，也可能不存在明显的先后次序。

目前的分词工具主要分为开源免费的和商用的两大类，如图2.5所示，下面我们对几种流行的开源分词工具进行详细介绍。

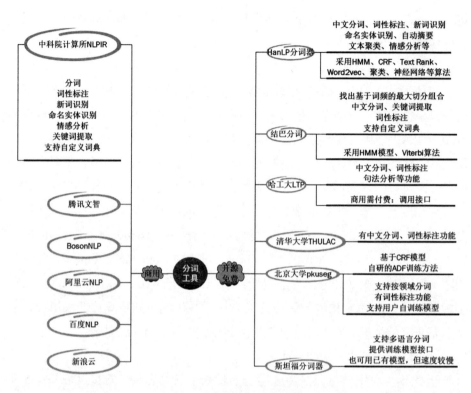

图2.5 常见分词工具分类

（1）结巴分词（Jieba）

作为开源中文分词工具，Jieba分词工具的模型简单易用、代码清晰可读且支持JAVA、C++、C#、Python等程序设计语言，因此使用频率较高，范围较广。结巴分词器不仅可以实现多种模式的分词，还可以进行词性标注、新词识别、自定义词典、关键词提取、去除停用词、制造词云等功能。这里仅对结巴分词器的分词功能进行介绍，其他功能可通过相关网站进行了解学习。

结巴分词功能主要是基于统计词典的分词方法，首先，根据统计词典进行前缀词典的构造；结巴分词器的统计词典有近35万个词条，每个词条占用一行，每行有三列，从左到右依次为词条、词频、词性，构造前缀词典只需前两列。遍历统计词典的每一行，取词条作为前缀词典的首行，词频作为对应的第二行，遍历该词条的前缀。然后，利用前缀词典对句子进行切分，得到所有切分结果，根据切分位置生成一个有向无环图。最后，通过动态规划算法，计算最大概率路径即为最终切分结果。有向无环图从起点到终点存在多条路径，需要找到一条概率最大的路径来进行分词。因为有向无环图的指向是从前向后的，对于某个节点来说，仅知道该节点会指向后面那些节点，但很难知道前面哪些节点会指向该节点，所以结巴分词采用从后往前动态规划的方式来计算最大概率路径，实现句子的切分。目前，结巴分词支持三种模式：（a）精确模式，尝试将句子进行最准确的切分，适用于文本分析；（b）全模式，将句子中所有可以成词的词语都切分出来，扫描速度快，但对歧义问题无法解决。（c）搜索引擎模式，顾名思义用于搜索引擎分词，是在精确分词的基础上，对长词继续进行切分，以提高分词的召回率。

（2）LTP

哈工大语言技术平台（Language Technology Platform，LTP）是哈工大社会计算与信息检索研究中心开发的一整套中文语言处理系统。语言技术平台提供包括中文分词、词性标注、命名实体识别、依存句法分析、语义角色标注等丰富、高效、精准的自然语言处理技术。经过哈工大社会计算与信息检索研究中心11年的持续研发和推广，LTP已经成为国内外最具影响力的中文处理基础平台，曾获CoNLL2009七国语言句法语义分析评测总成绩第一名，中文信息学会钱伟长一等奖等重要成绩和荣誉。目前，LTP已经被500多家国内外研究机构和企业使用，多家大企业和科研机构付费使用。2011年6月1日，为了与业界同行共同研究和开发中文信息处理核心技术，该中心正式将LTP开源。

哈工大语言云演示平台（图2.6）：http://www.ltp-cloud.com/demo/，又称为哈工大"语言云"，是以哈工大社会计算与信息检索研究中心研发的"语言技术平台（LTP）"为基础，为用户提供高效、精准的中文自然语言处理云服务。使用"语言云"非常简单，只需根据API参数构造HTTP请求即可在线获得分析结果，而无须下载SDK、无须购买高性能的机器，同时支持跨平台、跨语言编程等。2014年11月，哈工大联合科大讯飞公司共同推出"哈工大–讯飞语言云"，为广大用户提供电信级稳定性和支持全国范围网络接入的语言云服务，有效支持包括中小企业在内的开发者的商业应用需要。

该语言平台不仅能够提供基于中文分词、词性标注、命名实体识别、句法分析、语义角色标注的全套自然语言处理框架，而且可以通过可视化的图形输出，使用户一目了然。

句子视图　　篇章视图　　XML视图

☑ 词性标注　☑ 命名实体　☑ 句法分析　☑ 语义角色标注　☑ 语义依存（图）分析

段落1句子1:他叫汤姆去拿外衣。

图2.6　哈工大语言云演示平台

（3）HanLP

HanLP（HanLanguage Processing的缩写）由上海外国语大学日本文化经济学院11级本科学生何晗研发，是一款针对中文自然语言处理的软件，它将很多自然语言处理时的常用功能集成在一起，是由一系列模型与算法组合而成的工具包。利用HanLP可以实现中文分词、词性标注、命名实体识别、关键词提取、自动摘要以及依存句法分析等功能。最新版本的HanLP集成了ALBERT网络模型。BERT（Bidirectional Encoder Representations from Transformers，双向编码器表示）于2018年由google提出，是一个迁移能力很强的通用语义表示模型，以Transformer为网络基本组件，以双向 Masked Language Model和NextSentence Prediction 为训练目标，通过预训练得到通用语义表示，再结合简单的输出层，应用到下游的 NLP 任务，包括问答系统、情感分析和语言推理等。而ALBERT是BERT的改进版，是轻量级的BERT，改进了BERT模型参数量大的问题。

（4）Stanford NLP

斯坦福（Stanford）自然语言处理团队（网址：http://nlp.stanford.edu/）是一个由斯坦福大学的教师、科研人员、博士后、程序员组成的团队。该团队致力于研究计算机理解人类语言的工作。从计算语言学的基础研究到人类语言的关键技术都是其工作范围，涵盖句子的理解、机器翻译、概率解析和标注、生物医学信息抽取、语法归纳、词义消歧、自动问答及文本区域到 3D 场景的生成等。

斯坦福自然语言处理团队包括语言学系和计算机科学系，以及人工智能实验室的成员。斯坦福自然语言处理团队的一个显著特点，是能够有效地处理复杂而深刻的语言模型和数据分析，创造性地将 NLP 与概率和机器学习算法进行组合。其研究成果主要集中于多语种、跨语言的广泛而稳定的技术。这些技术包括指代消解系统、词性标注系统、高性能的概率句法解析器、生物命名实体识别系统和关于阿拉伯文、中文、德文的文本算法。

该团队提供的软件分发包均用 Java 编写而成。2014年10月至今的版本需要运行在 Java8+上（2013年3月至2014 年9月的版本需要Java1.6+；2005年至2013年2月的版本需要Java1.5＋）。分发程序包包括一个命令行调用（.bat和.sh）、jar 文件、Java API文档及源代码。任何用户都可从http://nlp.stanford.edu/software/index.shtml处下载相关代码。一些相关团队，如 NLTK 扩展了Stanford NLP团队的工作，将其与Python 进行绑定。

Stanford NLP开源项目涉及广泛的NLP应用，并在某些中文NLP应用中具有卓越的性能，一些主要的中文NLP应用如下。

（a）斯坦福句法解析器

概率自然语言句法解析器包括PCFG（与概率的上下文无关的短语）和依存句法解析器，词汇PCFG解析器，以及一个超快速的神经网络的依存句法解析器和深度学习重排序器。斯坦福还提供了一个在线句法分析器演示：http://nlp.stanford.edu:8080/ parser/，以及神经网络的依存解析器文档和常见问题解答。

（b）斯坦福命名实体识别器

该识别器基于条件随机场序列模型，用于英文、中文、德文、西班牙文的连同命名实体识别，以及一个在线NER演示。

（c）斯坦福词性标注器

基于最大熵（CMM）算法，词性标注（POS）系统包括英语、阿拉伯语、汉语、法语、德语和西班牙语。

（d）斯坦福分词器

斯坦福分词器是一个基于 CRF 算法的分词器，支持阿拉伯语和汉语。该平台提供包括中文分词、词性标注、多种句法解析结果的综合语言处理平台。

除此之外，斯坦福还提供包括机器翻译、分类器和 GUI 等其他的一些应用。同样，著名的斯坦福NLP团队也提供了一个全系列语言平台，网址为http://corenlp.run/。目前该平台仅支持英文。我们找到另一个支持中文的句法解析平台，Stanford NLP Parser 演示平台:http://nlp.stanford.edu:8080/parser/index.jsp，执行结果如图2.7所示。

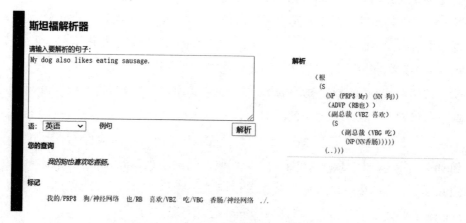

图2.7　Stanford句法解析演示平台

2.3.5　自然语言处理技术在普查中的应用

在风险普查试点阶段，我们利用正则表达式为基本工具，构建正则表达式提取模型，以内蒙古试点的8项承灾体6项综合减灾资源（能力）、3项重点隐患为核验对象，有效地实现了试点辖区的学校、医疗卫生结构、提供住宿的社会服务机构、公共文化场所、旅游景区、星级饭店、宗教活动场所、大型超市、百货店和亿元以上商品交易市场等8大承灾体，以及涉灾政府部门、消防救援队伍、救灾物资储备库、保险企业、乡镇单元、行政村单元等6项减灾资源，地下矿山、露天矿山和尾矿3项重点隐患的漏报检测。利用TF-IDF文本关键词抽取方法进行关键词提取，构建了行政区划数据库和调查对象关键词数据库。

2.4 Excel VBA质控技术

2.4.1 VBA概述

VBA是Visual Basic for Application的缩写，是一种应用程序自动化语言。所谓应用程序自动化，是指通过编写程序让常规应用程序（如Excel、Word等）自动完成工作。VBA是微软应用程序开发语言——VB的子集，实际上VBA是"寄生于"VB应用程序的版本。VBA根据其嵌入软件的不同，增加了对相应软件中对象的控制功能。例如Excel的VBA，增加了控制Excel工作簿、工作表、区域、数据透视表等对象的属性、事件和方法。在Excel中使用VBA，可以更好地控制Excel，进一步发掘Excel的强大功能，提高Excel的自动化水平。可以用很短的时间在Excel环境中开发出一套完整的管理信息系统。

综上所述，VBA是一种自动化语言，它可以使程序自动化，可以创建自定义的解决方案，还可以将Excel用做开发平台实现应用程序，可以将VBA称作Excel的"遥控器"。

那么，VBA和VB的区别表现在哪里呢？主要表现在以下几个方面：

（1）VB是设计用于创建标准的应用程序，而VBA是使已有的应用程序（Excel等）自动化；

（2）VB具有自己的开发环境，而VBA必须寄生于已有的应用程序。

（3）要运行VB开发的应用程序，用户不必安装VB，因为VB开发出的应用程序是可执行文件（*.EXE），而VBA开发的程序必须依赖于它的"父"应用程序，例如Excel。

尽管存在这些不同，VBA和VB在结构上仍然十分相似。以Excel为平台，用VBA来开发程序的优势有以下几点：

（1）当使用Excel为平台时，利用Excel现有的功能（如文件管理、函数等），可以减少应用程序的代码量从而大大缩短开发的周期。

（2）在大部分用户的计算机中都安装有Excel软件，使Excel开发的应用程序发布很容易。只要用户计算机中有Excel，基本不需要其他的文件，只需将开发的工作簿文件复制给用户即可完成文件的发布。

（3）VBA的语言简单易学，初学者很容易上手。

2.4.2 VBA中的Change事件和过程

Change事件是指单元格的值发生改变之后所引发的事件，它是工作表（Worksheet）事件，所以是在工作表工程中出现的，格式如下：Private Sub Worksheet_Change（ByVal Target As Range），可以看到Change事件有一个参数Target，这个参数是一个Range对象，也就是要捕捉Change的范围。统筹Target指的是整个工作表，所以如果是要捕捉特定范围内的改变的话要对Target的值进行修改。Change事件在需要限制单元格输入内容时十分好用，例如限制输入文本格式、限制文本长度、限制修改等。

过程是一个VBA语句块，包含在声明语句（Function、Sub、Get、Set）和匹配的End声明中。VBA中的所有可执行语句都必须位于某个过程内。可以将整个应用程序编写为单个大的过程，但如果将它分解为多个较小的过程，代码就更容易阅读。"结构化编程"是一种强调程序模块化和应用程序内的分层结构的方法。在VBA中，实现结构化编程的最直接方法是合理地使用过程将应用程序分解为离散的逻辑单元。调试各个单独的单元比调试整个程序更容易。还可以在其他程序中使用为某个程序开发的过程，而通常只需少量修改甚至不需修改。对于复杂的程序，可将其分解为多个小过程，以方便程序的调试。将大过程分解为独立小过程的步骤如下：首先，标识代码中一个或多个独立的部分。其次，对于每个独立的部分，将源代码移出大过程，并用Sub和End Sub语句将其括起来。最后，在大过程中已移除代码部分的地方，添加一个调用Sub过程的语句。

VBA中的过程可分为以下 3 类：VBA 子过程：用于执行代码后不返回值的情况，它们以关键字Sub开头，并以关键字End Sub结束，在Excel中录制的宏就是这种过程；Function函数过程：用于执行代码后返回计算结果的情况，它们以关键字 Function开头，以关键字End Function结束，使用Function函数过程可创建Excel的扩展函数；Property过程：用于自定义对象。使用属性过程可设置和获取对象属性的值，或者设置对另外一个对象的引用。

最常用的是Function函数过程和Sub子过程，它们的区别如下：

（1）Sub过程不能返回值，而Function函数可以返回一个值，因此可以像Excel内部函数一样在表达式中使用Function函数。

（2）Sub过程可作为Excel中的宏来调用，而Function函数不会出现在"选择宏"对话框中，如果要在工作表中调用Function函数，则可以像使用Excel内部函数一样使用该函数。

（3）在VBA中，Sub过程可作为独立的基本语句调用，而Function函数通常作为表达式的一部分。

在使用模块之前，需要先对其进行定义。在Excel中录制宏时，录制的宏代码将自动创建一个Sub过程。除此之外，在VBE开发环境中还可以使用以下两种方式定义过程：一种方式是使用窗体创建过程的结构，再在过程中编写相应的代码。另一种方式是在模块中直接输入代码来定义过程。

Change事件过程可协调在各控件间显示的数据或使它们同步。例如，可用一个滚动条的Change事件过程更新一个TextBox控件中滚动条的Value属性的设置。或者可以利用 Change事件过程在一个工作区里显示数据和公式，在另一个区域里显示结果。

Change事件过程在更新系统控件（DirListBox，DriveListBox和FileListBox）中的各属性时也是有用的。例如，可更新一个DirListBox控件的Path属性设置来反映一个 DriveListBox控件的Drive属性设置的改变。

注意一个Change事件过程有时会导致一个层叠事件。这种情况在控件的Change事件过程改变该控件的内容时会发生，例如，通过用代码设置一个决定该控件的值的属性，如对一个TextBox控件的Text属性之类的设置。为了避免层叠事件：

（1）如果可能，应避免为控件编写能改变该控件内容的Change事件过程。如果编写了那样的过程，应确保设置一个标志用来防止在当前变化进行中更进一步的变化。

（2）避免创建两个或两个以上其Change事件过程互相影响的控件。例如，两个TextBox控件在它们的Change事件期间互相更新。

（3）避免对HScrollBar和VScrollBar控件在Change事件中使用MsgBox函数或语句。

2.4.3　VBA宏及其使用

在使用Excel的过程中，用户可能经常需要在Excel中进行重复的操作，并且这些重复任务将占用很多的时间。这时，有没有想过可能有更好的办法？要自动执行重复任务，可以使用宏来完成，宏是可用于自动执行任务的一项或一组操，通过VBA编写的宏可控制Excel应用程序，对Excel的功能进行扩充。具体可以在Excel中快速录制宏，也可以在VBE（Visual Basic Editor，是编写VBA代码的工具）中编写自己的宏脚本，或将所有或部分宏复制到新宏中来创建一个宏。在创建宏之后，用户可以将宏分配给对象（如工具栏按钮、图形或控件），以便够通过单击该对象来运行宏。

宏是通过一次单击就可以应用的命令集。它们几乎可以自动完成用户在Excel中进行的各种操作。通过VBA代码对宏进行编辑修改，使宏还可以执行许多高级的、普通用户不能完成的任务。使用宏具有如下优点：宏可以节省时间，并可以扩展日常使用的程序的功能。使用宏可以自动执行重复的文档制作任务，简化烦冗的操作，还可以创建解决方案（例如，自动创建用户要定期使用的文档）。精通 VBA 编程的开发人员可以使用宏创建包括模板、对话框在内的自定义外接程序，甚至可以存储信息以便重复使用。例如，在一个具有几十个甚至上百个工作表的Excel工作簿中，要分别设置每个工作表的表头部分和数据部分的格式。如果在Excel中手工操作，假设每个工作表需要1分钟时间，则整个工作簿的格式设置也需要一两个小时才能完成，并且该项工作非常乏味。如果对其中的一个工作表设置格式，并将该操作录制为宏，然后编辑该宏，使之在整个工作簿中重复执行格式的设置，那么完成这项任务就不是几个小时了，只需几分钟就足够了。

在Excel中可使用两种方法来创建宏：一种方法是利用Excel操作环境中的宏录制器录制用户的操作；另一种方法是使用VB编辑器编写自己的宏代码。

（1）利用宏录制器可记录用户在Excel中的操作动作，以便自动创建需要的宏。对于初学者，因为不熟悉VBA指令，使用该方法将非常方便。这也是初学者学习VBA指令的一种好方法。

（2）使用VB编辑器可以打开已录制的宏，修改其中的命令，也可以在VB编辑器中直接输入命令创建宏。对于很多无法录制的命令（如创建新的窗体等），使用VB编辑器创建宏是唯一的方法。

在创建宏之后，可以将宏分配给对象（如按钮、图形、控件、快捷键等），这样执行宏就像单击按钮，或按快捷键一样简单。正是由于这种操作方便的特性，使用宏可以方便地扩展Excel的功能。

2.4.4　VBA质控技术在普查中的应用

利用VBA技术对调查数据的电子表格进行二次开发，实现逐一指标、指标间逻辑关系检测，如果填报数据不符合逻辑，表格即不能录入或提示错误，确保采集质量，实现源头质控。这一经验模式实现了在数据采集源头把控质量，并且具有普适性，该方法是可复制可推广的。

2.5　MongoDB数据库技术

2.5.1　MongoDB数据库简介

在当前飞速发展的移动互联时代背景下，传统的关系数据库在应对海量的信息时已经显得力不从心，暴露了很多难以克服的问题，而非关系型数据库则由于其本身的特点能够快速适应这些应用场景，因而得到了非常迅速的发展。虽然 NoSOL 的流行不过短短数年时间，但不可否认的是，在持续不断的版本迭代之下，现在的NoSQL系统已经更加成熟、稳定。在这众多的NoSQL工具中，MongoDB可以说是其中的佼佼者，它可以为大数据建立快速、可扩展的存储库，从而满足日新月异的应用场景需求。

MongoDB是一个基于分布式文件存储的数据库。它的基础开发语言是C++。其目的在于为基于互联网的应用提供可扩展的高性能数据存储解决方案。对于大型互联网公司以及处在飞速发展之中的互联网公司来说，以MongoDB为代表的NoSOL数据库产品正逐渐成为其无法绕过的必备部署工具之一。实际上，MongoDB是一个介于关系型数据库和非关系型数据库之间的产品，它是非关系型数据库中功能最丰富、最像关系型数据库的一个。它支持松散的数据结构，即基于JSON的BSON格式，因而在实际使用中，MongoDB

可以存储较为复杂的数据类型。它的特点是高性能、易部署、易使用，并且存储数据非常方便。不过，其最大的优势在于所支持的查询语言非常强大，其语法有点类似于面向对象的查询语言，几乎可以实现类似关系型数据库单表查询的绝大部分功能，此外还支持对数据建立索引。

MongoDB（来自英文单词"Humongous"，中文含义为"庞大"）是可以应用于各种规模的企业、各个行业以及各类应用程序的开源数据库。作为一个适用于敏捷开发的数据库，MongoDB的数据模式可以随着应用程序的发展而灵活地更新。与此同时，它也为开发人员提供了传统数据库的功能：二级索引，完整的查询系统以及严格一致性等等。MongoDB能够使企业更加具有敏捷性和可扩展性，各种规模的企业都可以通过使用MongoDB来创建新的应用，提高与客户之间的工作效率，加快产品上市时间，以及降低企业成本。

MongoDB 是一个面向集合的，模式自由的文档型数据库。面向集合，意思是数据被分组到若干集合，这些集合称作聚集（collections）。在数据库里每个聚集有一个唯一的名字，可以包含无限个文档。聚集是RDBMS中表的同义词，区别是聚集不需要进行模式定义。模式自由，意思是数据库并不需要知道你将存入到聚集中的文档的任何结构信息。实际上，你可以在同一个聚集中存储不同结构的文档。文档型，意思是我们存储的数据是键-值对的集合，键是字符串，值可以是数据类型集合里的任意类型，包括数组和文档。我们把这个数据格式称作"[BSON]"即"Binary Serialized dOcument Notation"。

在MongoDB中，文档是对数据的抽象，它被使用在Client端和Server端的交互中。所有的Client端（各种语言的Driver）都会使用这种抽象，它的表现形式就是我们常说的BSON（Binary JSON）。BSON是一个轻量级的二进制数据格式。MongoDB能够使用BSON，并将BSON作为数据的存储存放在磁盘中。当Client端要将写入文档，使用查询等操作时，需要将文档编码为BSON格式，然后再发送给Server端。同样，Server端的返回结果也是编码为BSON格式再放回给Client端的。

2.5.2　MongoDB数据库在普查中的用途

第一次全国自然灾害综合风险普查覆盖的灾害种类多、涉及部门多、成果形式多，相应的数据结构复杂多元，因此传统的关系型数据库难以满足这样的需求，MongoDB数据库中的数据以集合的形式存储，在创建新集合时无须在数据库中预定义，如果数据库中未查到对应集合，则自动创建集合并插入新的文档对象。另外，MongoDB支持地理空间索引，是专门用来处理地理空间相关数据的，因此可以实现海量普查数据的快速检索和分析。

2.6　Python数据分析技术

Python之所以流行，就是因为它提供了大量的第三方的库，开箱即用，非常方便，而且是免费的。Python 用于数据分析的第三方库资源非常丰富，其中常用的有 ipython、numpy、pandas、matplotlib、Scipy、Spyder、Scikit-learn 等，这些库齐全的功能、统一的接口，为数据分析工作提供了极大的便利。

2.6.1　NumPy数组

NumPy（Numerical Python的简称）是高性能科学和数据分析的基础包。NumPy是Python支持科学计算的重要扩展库，是数据分析和科学计算领域如scipy、pandas、sklearn 等众多扩展库中的必备扩展库之一，提供了强大的N维数组与矩阵运算、复杂的广播函数、C/C++和 Fortran 代码集成工具以及线性代数、傅里叶变换和随机数生成等功能。

此外，由于 Numpy 提供了一个简单易用的C API，因此很容易将数据传递给由低级语言编写的外部库，外部库也能以Numpy数组的形式将数据返回给python。这个功能使python 成为一种包装C/C++/Fortan 历史代码库的选择，并使被包装库拥有一个动态的、易用的接口。此外，Numpy是pandas 的基础。

2.6.2　Pandas

Pandas简介：Python Data Analysis Library（数据分析处理库） 或 pandas

是基于NumPy 的一种工具，该工具是为了解决数据分析任务而创建的。一般而言，数据分析工作的目标非常明确，即从特定的角度对数据进行分析，提取有用信息，分析的结果可作为后期决策的参考。

扩展库 pandas 是基于扩展库numpy和matplotlib的数据分析模块，是一个开源项目，提供了大量标准数据模型，具有高效操作大型数据集所需要的功能。可以说 pandas 是使 Python能够成为高效且强大的数据分析行业首选语言的重要因素之一。

在各领域都存在数据分析需求，我们在实际应用和开发时经常会发现，很少有数据能够直接输入到模型和算法中使用，基本上都需要进行一定的预处理，例如处理重复值、异常值、缺失值以及不规则的数据，pandas提供了大量函数和对象方法来支持这些操作。

扩展库pandas可以在命令提示符环境下使用pip install pandas命令直接在线安装，其官方网站提供了大量演示案例和在线帮助文档。扩展库 pandas 常用的数据结构如下：

（1）Series，带标签的一维数组。Series与Numpy中的一维ndarray类似。二者与Python基本的数据结构List也很相近，其区别是：List中的元素可以是不同的数据类型，而Array和Series中则只允许存储相同的数据类型，这样可以更有效的使用内存，提高运算效率。

（2）DatetimeIndex，时间序列。时间序列对象一般使用 pandas的date_range（）函数生成，可以指定日期时间的起始和结束范围、时间间隔、数据数量等参数，语法格式如下：date_range(start=None,end=None,periods=None,freq='D',tz=None,normalize=False,name=None,closed=None,**kwargs)。其中：

（a）参数start和end分别用来指定起止日期时间；

（b）参数periods用来指定要生成的数据数量；

（c）参数 freq用来指定时间间隔，默认为'D'，表示相邻两个日期之间相差一天。另外，pandas的Timestamp类也支持很多与日期时间有关的操作。

（3）DataFrame，带标签且大小可变的二维表格结构，DataFrame是pandas最常用的数据结构之一，每个DataFrame对象可以看作一个二维表格，由索引（index）、列名（columns）和值（values）三部分组成。扩展库pandas支持使用多种形式创建DataFrame结构，也支持使用read_csv（）、read_excel

（）、readjson（）、read hdf（）、read html（）、read gbgO、read pickle（）、read sql table（）、read_sql_query（）等函数从不同的数据源读取数据创建DataFrame结构，同时也提供对应的to_excel（）、to_csv（）等系列方法将数据写入不同类型的文件。

（4）Panel，带标签且大小可变的三维数组。

2.6.3 Python数据分析在普查中的作用

普查数据具有多源异构、海量等特点，而Python数据分析工具在大数据处理性能方面与传统的SAS、SPSS及R语言等传统工具相比速度要快，可以直接加载处理GB大小的数据，无需将大数据预先分割。Python拥有Matplotlib和numPy等强大的绘图库和数值扩展库，能实现普查数据的快速可视化和数值分析。Python提供的Pandas扩展库，包含了全套的统计函数和数据处理方法，可以高效处理海量数据矩阵，轻松地进行切片/切块、聚合、重采样等处理。是普查数据分析和应用的理想工具。

2.7 Python可视化技术

2.7.1 Matplotlib可视化工具

Python有许多可视化工具，应用最广泛的是Matplotlib。Matplotlib是Python的一个扩展库，它依赖于扩展库Numpy和标准库Tkinter，可以绘制多种形式的图形，例如折线图、散点图、饼状图、柱状图、雷达图等，图形质量可以达到出版要求，在数据可视化与科学计算可视化领域都比较常用。使用Pandas也可以直接调用Matplotlib库中的绘图功能。

所以说，Matplotlib是一个用于创建出版质量图表的桌面绘图包（主要是2D方面）。该项目是由 John Hunter于2002年启动的，其目的是为Python构建一个MATLAB式的绘图接口。从那时起，John Hunter、Fernando Pérez（IPython的创始人）等许多人就一起合作，共同致力于将IPython和Matplotlib结合起来以提供一种功能丰富且高效的科学计算环境。如果结合使用一种GUI

工具包（如IPython），Matplotlib还具有诸如缩放和平移等交互功能。它不仅支持各种操作系统上许多不同的GUI后端，而且还能将图片导出为各种常见的矢量（vector）和光栅（raster）图：PDF、SVG、JPG、PNG、BMP、GIF等。

Matplotlib还有许多插件工具集，如用于3D图形的Mplot3d以及用于地图和投影的 basemap。

Python 扩展库Matplotlib主要包括Pylab、Pyplot等绘图模块和大量用于字体、颜色、图例等图形元素的管理与控制的模块，提供了类似于MATLAB的绘图接口，支持线条样式、字体属性、轴属性及其他属性的管理和控制，可以使用非常简洁的代码绘制出优美的各种图案。使用Pylab或Pyplot绘图的一般过程为：首先生成或读入数据，然后根据实际需要绘制二维折线图、散点图、柱状图、饼状图、雷达图或三维曲线、曲面、柱状图等，接下来设置坐标轴标签（可以使用Matplotlib.pyplot模块的xlabel（）、ylabel（）函数或轴域的set xlabel（）、set_ylabel（）方法）、坐标轴刻度（可以使用matplotlib.pyplot模块的xticks（O）、yticks（）函数或轴域的set_xticks（）、set_yticks（）方法）、图例（可以使用matplotlib.pyplot模块的legend（）函数）、标题（可以使用 matplotlib.pyplot模块的title（）函数）等图形属性，最后显示或保存绘图结果。每一种图形都有特定的应用场景，对于不同类型的数据和可视化要求，我们需要选择最合适类型的图形进行展示，不能生硬地套用某种图形。

在绘制图形、设置轴和图形属性时，大多数函数都有很多可选参数来支持个性化设置，例如颜色、散点符号、线型等参数，而其中很多参数又有多个可能的值。本章重点介绍和演示Pyplot模块中相关函数的用法，但是并没有给出每个参数的所有可能取值，这些读者可以通过Python的内置函数help（）或者查阅Matplotlib官方在线文档来获知，必要的时候可以查阅Python安装目录中的Lib\site-packages\matplotlib 文件夹中的源代码获取更加完整的帮助信息。

2.7.2 Pandas可视化工具

Matplotlib实际上是一种比较低级的工具。要组装一张图表，需要各种基础组件：数据展示（即图表类型：线型图、柱状图、盒形图、散布图、等值线图等）、图例、标题、刻度标签以及其他注解型信息。这是因为要根据数据制作一张完整图表通常都需要用到多个对象。在Pandas中，我们有行标签、列标签以及分组信息（可能有）。这也就是说，要制作一张完整的图表，原本需要一大堆的Matplotlib代码，现在只需一两条简洁的语句就可以了。Pandas有许多能够利用DataFrame对象数据组织特点来创建标准图表的高级绘图方法。

2.7.3　Chaco可视化工具

Chaco（http://code.enthought.com/chaco/）是由Enthought开发的一个绘图工具包，它既可以绘制静态图又可以生成交互式图形。它非常适合用复杂的图形化方式表达数据的内部关系。跟Matplotlib相比，Chaco对交互的支持要好得多，而且渲染速度很快。如果要创建交互式的GUI应用程序，它确实是个不错的选择。

2.7.4　Mayavi可视化工具

Mayavi项目（由Prabhu Ramachandran、Gaél Varoquaux等人开发）是一个基于开源C++图形库VTK的3D图形工具包。跟Matplotlib一样，Mayavi也能集成到IPython以实现交互式使用。通过鼠标和键盘操作，图形可以被平移、旋转、缩放。

除此之外，Python领域中还有许多其他的图形化库和应用程序，比如，PyQwt、Veusz、Gnuplot-py、Biggles等。可以将PyQwt用在基于Qt框架（PyQt）的GUI应用程序中，等等。

2.7.5　Python可视化工具在普查中的作用

可视化是研究数据处理、数据表达、决策分析等相关系列问题的综合性技术，是利用图像处理技术和计算机图形学，把数据转换成图像或图形显示在屏幕上，再进行交互处理的方法、理论和技术。将Python可视化技术应用于灾害风险普查，可以真实地描述普查数据的内涵，能直观简洁地展示数据审核结果，将其直接应用于质检报告中，有助于普查实施人员和决策部门发现海量普查数据中蕴含的规律、事实和逻辑关系。

第三章 基于开源数据的应急普查任务采集系统开发

通过内蒙古三个试点的实际调查来看，通过对网络数据源的检索发现了调查对象名称、地址、统一信用代码、机构代码、行政区划代码等数据源，这些数据都可以作为普查的基础数据进行自动化采集。

3.1 开发背景及意义

在调查过程中，会出现常识认知应该在某一行业部门主管的数据可能会在其他部门，例如内蒙古某试点的宾馆、旅游区等行业主管部门不是文化旅游局，而是水库管理局，一部分幼儿园的登记管理部门不是教育局，而是民政局；在行政区划调查过程中，民政部门提供的名称不是规范性名称，特别是民族地区，地名往往是音译，名称错误情况特别普遍，这些问题不是每个调查人员都能够及时发现。因此，能够更全面地找到调查对象的信息对整个风险普查过程都是有着重大的意义，只有信息更加全面，才能更进一步达到普查的意义。鉴于此，我们利用了关键字提取的技术，开发了基于网络开源数据的应急普查任务自动化采集系统，针对应急系统的30个调查对象（具体指赤峰市的学校、医疗卫生机构、社会救助机构、公共文化场所、旅游景区和星级酒店、保险企业、涉灾政府部门等调查对象）进行细化分类，然后针对每一个子类，给出关键词集合，构建了应急行业普查对象的关键词数据库；又利用百度和高德地图接口，明确机构所处地理位置所属行政区划单位，构建了内蒙古地区乡镇-社区尺度行政区划数据库。

该系统可以自动形成普查对象目录，能够实现机构名称、机构代码、行政区划代码、机构地址、经纬度等基础字段信息的自动填报；还可用于漏报比对，有效地提高了采集效率。

3.2　开源数据采集对象的确立

依据《全国自然灾害综合风险普查应急管理系统普查任务清查工作手册》《技术规范》和网络开源数据，结合内蒙古自治区实际情况，将调查对象的7个大类做了重新整理，进一步明确了调查对象，作为自动化采集的目录。

（1）公共服务设施

①学校：

基础教育：幼儿园、小学和普通初高中；

中等职业教育：中专、职高和职业技术学校；

高等教育：本科院校和专科院校。

②医疗卫生机构：

医院：综合医院、科医院、中医医院、附属医院、护理院和美容医院；

基层医疗卫生机构：社区卫生服务中心和卫生院；

专业公共卫生机构：妇幼保健所（院）、计划生育服务中心、急救中心和血站。

③提供住宿的社会服务机构：

养老服务机构：养老院、敬老院、托老院和社会福利院；

儿童福利和救助机构：少年儿童救助中心。

④公共文化场所：

公共图书馆：图书馆和图书室；

博物馆：博物馆、纪念馆、科技馆和陈列馆；

文化馆：文化中心、群众艺术馆和文化馆；

美术馆：美术馆；

艺术表演场馆：剧场和影院。

⑤旅游景区：

文物古迹：博物馆和纪念馆；

自然景观：自然保护区、生态旅游和草原；

宗教文化：寺庙；

人工建造：产业园区、娱乐园、公园和植物园；

其他景区。

⑥星级饭店：

酒店和宾馆。

⑦体育场馆：

体育场、体育馆、游泳馆和跳水馆。

⑧宗教活动场所：

佛教寺院、道教宫观、伊斯兰教清真寺、基督教教堂和天主教堂。

⑨大型超市、百货店、亿元以上商品交易市场：

超市、购物中心（广场）和商贸中心。

（2）政府综合减灾能力

①涉灾政府部门：

应急管理部门：应急管理局；

资源部门：地震局、气象局、国土资源局、水利局和林草局；

交通建筑部门：交通建筑局、规划局和城乡建设局。

②政府专职、综合性（和企业专职）消防救援队伍：

消防中队、消防救援队、消防支队和消防大队。

③森林消防队伍：

扑火队。

④矿山/隧道行业救援队伍：

矿山救援和隧道救援。

⑤危化/油气行业救援队伍：

危险化学品救援和油气行业救援。

⑥救灾物资储备库（点）：

救灾物资储备。

⑦灾害应急避难场所和渔船避风港：

应急避难场所：广场和公园。

（3）企业与社会力量减灾资源

①保险和再保险企业：

人身保险和财产保险。

②社会应急力量：

红十字会。

（4）基层综合减灾资源

①乡镇（街道）：

街道、镇、苏木（乡）和乡。

②行政村（社区）：

社区、嘎查（村）和村。

（5）自然灾害次生危险化学品事故危险源

①化工园区：

化工园区。

②危险化学品企业：

天然气、加油站和化工企业。

（6）自然灾害次生非煤矿山事故危险源

①地下矿山：

金属矿和石矿。

②露天矿山：

砂土、石矿和非金属矿。

③尾矿库。

（7）自然灾害次生煤矿事故危险源

①煤矿。

3.3　关键词提取与数据库构建

本系统主要采用了TF-IDF文本关键词抽取方法进行关键词提取。TF-IDF的主要思想是，如果某个词语在一篇文章中出现的频率高，并且在其他文章中较少出现，则认为该词语能较好地代表当前文章的含义。即一个词语的重要性与它在文档中出现的次数成正比，与它在语料库中文档出现的频率成反比。

由此可知，TF-IDF是对文本所有候选关键词进行加权处理，根据权值对关键词进行排序。假设Dn为测试语料的大小，该算法的关键词抽取步骤如下所示：

（1）对于给定的文本D进行分词、词性标注和去除停用词等数据预处理操作。一般中文分词都选择结巴分词，但是通过测试我们发现结巴分词对于行政区域名称处理并不是很理想，尤其是内蒙古的一些乡镇级单位，分词不够准确，于是我们首先利用百度和高德地图接口，明确机构所处地理位置所属行政区划单位，再利用内蒙古自治区行政区划库查询到该机构的完整行政区划信息，将名称中涉及国名、省级单位名称、地市级单位名称、旗县区级单位名称、乡镇级单位名称、村级名称的统一分解出来，并给出标准全称，处理之后，最终得到n个候选关键词，即$D=[t_1, t_2, \cdots t_n]$；

（2）计算词语t_i在文本D中的词频；

（3）计算词语t_i在整个语料的$IDF=\log (D_n /(D_t +1))$，D_t为语料库中词语t_i出现的文档个数；

（4）计算得到词语t_i的TF-IDF=TF*IDF，并重复（2）-（4）得到所有候选关键词的TF-IDF数值；

（5）对候选关键词计算结果进行倒序排列，得到排名前TopN个词汇作为文本关键词。

为了能够更全面、更精确搜索到调查对象的信息，并且对搜集到的数据进行更加精准的筛选，我们将按照调查对象的类别建立关键词词库，由于调查对象的数据公开情况差异较大，我们将所有的调查对象数据公开状况总结成以下几种情况：

（1）具有确切精准调查对象数据的情况

对于第五类基层综合减灾资源作为调查对象，我们可以依据内蒙古自治区的行政区划库得到确切的数据，所以这一部分不需要做任何特殊处理，只需要对区划的类型进行判别即可。

（2）具有官方权威公开数据的调查对象的情况

如旅游景区和星级酒店的数据，由当地的旅游局（文化旅游局等）提供，按需采集数据即可。还有消防相关数据，是没有对外公开的，本系统未对这部分调查对象进行处理。

（3）需要通过搜索采集数据的调查对象

这一部分也是本系统主要处理的情形，即官方没有明确给出具体数据的情形，需要通过互联网进行数据采集，本次采用了关键词提取技术，对每一类的调查对象进行关键词提取，尽可能覆盖全面的原则。通过进一步整理，我们得到各个调查对象的关键词，表3-1给出了部分搜索关键词。

表3-1　调查对象搜索关键词

调查对象	搜索关键词
学校	幼儿园 小学 中学 职业技术学校 职业高中 职业中等专业学校 中等职业学校 大学 学院 技工学院 职业技术学院
医疗机构	医院 护理院 社区卫生服务中心 社区卫生服务中心站 社区卫生服务站 卫生院 病预防 预防控制 疾病防控中心 病防治 妇幼保健 计划生育 急救中心 急救站 血液中心 血库 血站
社会救助机构	社会福利院 养老院 敬老院 托老院 老年公寓 养生园 红十字会 供养 儿童关爱 未成年人保护 关爱儿童 关爱少年儿童 少年儿童关爱 未成年人救助 救助管理站 社会福利医院
公共文化场所	图书馆 图书室 纪念馆 纪念舍 纪念堂 科技馆 科学技术馆 陈列馆 文化中心 群众艺术馆 文化馆 群众文化艺术馆 文化站 剧场 影院 影城 剧院 音乐厅 音乐堂 书场 曲艺场 杂技场 马戏场 大舞台 马戏团 艺术中心 戏院 美术馆
应急管理部门	应急管理 地震局 气象局 水利局 水务局 自然资源局 国土资源局 园林管理 林业局 林业和草原局 农业局 畜牧业局 农牧局 交通运输局 住房和城乡建设局 规划局
矿山/隧道行业救援队伍	矿山救援 矿山急救 矿山应急救援 矿山救护 隧道救援 隧道紧急救援 隧道应急
危险化学品企业	气体 天然气 加气站 油库 加油站 化工

3.4 行政区划数据库构建

通过对政府服务网上行政区划数据的采集发现我国的23个省、5个自治区、4个直辖市、2个特别行政区中，省级单位的行政区划数量较少，比较固定，而地市级单位，对于不同类别的省级单位可能会有所不同，内蒙古自治区的行政区划也具有一定的特殊性，我们针对内蒙古自治区的行政区划构建了精确到村的行政区划数据库，包含各级行政区域的名称以及行政区划代码。针对任意机构，若名称中含有行政区划信息的，将会和行政区划库中的进行对比，给出完整标准的行政区划信息，通过这种方式，可以验证两个机构的行政区划是否一致，从而为数据去重打下基础。

（1）城市名称及简称集合

首先，构建内蒙古自治区地市级盟市全称与简称对应集合，如表3-2所示。

表3-2　城市全称简称对照表

城市全称	城市简称	城市全称	城市简称
呼和浩特市	呼市	乌海市	乌海
包头市	包头	乌兰察布市	乌兰察布
呼伦贝尔市	呼伦贝尔	巴彦淖尔市	巴盟
鄂尔多斯市	鄂尔多斯	兴安盟	兴安
赤峰市	赤峰	锡林郭勒盟	锡盟
通辽市	通辽	阿拉善盟	阿盟

（2）旗县区名称与简称集合

内蒙古自治区总共有12个盟市，下属21个市辖区、11个县级市、17个县、49个旗、3个自治旗，有一部分县级单位具有简称，经过查阅资料，我们得到表3-3所示的简称对应关系。

表3-3　旗县区全称简称对照表

旗县区全称	旗县区简称	所属城市	旗县区全称	旗县区简称	所属城市
土默特左旗	土左旗	呼和浩特市	新巴尔虎左旗	新左旗	呼伦贝尔市
土默特右旗	土右旗	包头市	杭锦后旗	杭后旗	巴彦淖尔市
达尔罕茂明安联合旗	达茂旗	包头市	乌拉特中旗	中旗	巴彦淖尔市
喀喇沁旗	喀旗	赤峰市	乌拉特前旗	前旗	巴彦淖尔市
克什克腾旗	克旗	赤峰市	察哈尔右翼前旗	察右前旗	乌兰察布市
阿鲁科尔沁旗	阿旗	赤峰市	察哈尔右翼中旗	察右中旗	乌兰察布市
翁牛特旗	翁旗	赤峰市	西乌珠穆沁旗	西乌旗	锡林郭勒盟
科尔沁左翼中旗	科左中旗	通辽市	东乌珠穆沁旗	东乌旗	锡林郭勒盟
科尔沁左翼后旗	科左后旗	通辽市	科尔沁右翼前旗	科右前旗	兴安盟
准格尔旗	准旗	鄂尔多斯市	科尔沁右翼中旗	科右中旗	兴安盟
伊金霍洛旗	伊旗	鄂尔多斯市	阿拉善左旗	阿左旗	阿拉善盟
陈巴尔虎旗	陈旗	呼伦贝尔市	阿拉善右旗	阿右旗	阿拉善盟
阿荣旗	阿旗	呼伦贝尔市	额济纳旗	额旗	阿拉善盟

（3）行政区划对应关系建立

通过对政府服务网上行政区划数据的采集，我们建立的内蒙古自治区的行政区划对应关系数据库，需要特殊处理部分是村级单位，这一部分不属于五级行政区划，因而会出现名称不一致的情况，尤其是一些蒙语音译的名称会出现不同网站名称不一致的情况，针对这种情况，我们以读音为标准进行判别。

3.5 数据清洗

通过搜索得到的数据集需要进行数据清洗才能得到我们真正需要的数据。一般的数据清洗步骤主要是去重和对缺失数据的处理，根据我们采集到数据的特点，需要有数据过滤这一项，即找到满足要求的数据。那么，我们主要集中精力进行数据去重和数据过滤这两项工作。

（1）数据过滤

由于普查以县级单位标准进行统计，采集到的数据需要对区域进行筛选，主要从名称和地址两个字段进行筛选，对于非煤矿资源部分，还需要对经营范围进行筛选。

首先，对采集到的每一个机构进行地址查询，主要利用地图接口得到机构地址，再利用内蒙古行政区划库得到完整的行政区划信息，判别是否包含在清查区域内，查询不到地址信息的从机构名称进行判别。

对于非煤矿资源，需要判别其属于地下矿山还是露天矿山，由于没有明确的数据源，所以我们采集了矿业相关机构的经营范围信息，根据其采矿种类和操作方式来判别其属性，及其是否可能有尾矿库。部分机构判别结果如表3-4所示。

表3-4 非煤矿资源数据分类

机构名称	经营范围	属性
西乌珠穆沁旗金坤矿业有限公司	萤石开采、加工、销售	露天
西乌珠穆沁旗东方矿业有限公司	许可经营项目：石英岩露天开采、销售、深加工（仅供办理审批许可） 一般经营项目：无	露天
西乌珠穆沁旗鑫钰矿业有限责任公司	萤矿石开采、加工、销售、浮选	露天
西乌珠穆沁旗金浩源矿业开发有限责任公司	许可经营项目：铁矿地下开采、铁矿石开采加工销售。 一般经营项目：无	地下 露天
西乌珠穆沁旗顺天矿业有限责任公司	许可经营项目：无 一般经营项目：采沙、洗沙、沙石销售	露天
西乌珠穆沁旗爱民兴达矿业有限责任公司	石英岩开采、加工、销售	露天
西乌珠穆沁旗天鸿矿业有限公司	许可经营项目：内蒙古自治区西乌珠穆沁旗扎布其铁铜矿采选 一般经营项目：无	尾矿 地下
西乌珠穆沁旗长弘矿业有限责任公司	许可经营项目：铅锌矿地下开采 一般经营项目：选矿、矿山设备五金、机电销售	尾矿 地下
西乌珠穆沁旗伟兴矿业有限公司	铜锌矿采选、矿产品销售	尾矿 地下
西乌珠穆沁旗天宁水晶矿业有限公司	水晶地下开采 水晶石、石英硅、长石、加工销售 许可经营项目：无	地下
内蒙古玉龙矿业股份有限公司	一般经营项目：银、铅、锌矿开采利用、选矿及矿产品销售 固体矿产勘查（乙级）、地质钻探（丙级）	尾矿 地下
西乌珠穆沁旗银漫矿业有限责任公司	许可经营项目：锌、铅、银、铜、锡采矿、选矿及销售 一般经营项目：矿山机械及配件、轴承、五金、机电、汽车配件、化工产品（危险品除外）	地下 尾矿

（2）数据去重

由于我们采集数据的来源较多，所以出现重复是不可避免的，当出现名称相同的机构时比较容易判别，但是由于来源不同，导致同一机构有不同的两个名称，在这种情况下，机械化的去重是达不到最终目的。我们主要采用两种方式来进行判别：

①地理位置信息：利用地图接口，获取所有机构的地理位置信息，然后利用两个机构经纬度差来判别是否为同一机构。

②采取分词模糊匹配的原则进行判别（分成行政区划和名称主体两部分）。两部分分别对比。

最终的结果是以两种方式的结合来实现数据去重。

3.6　系统功能及数据采集结果展示

限于篇幅，以公共服务承灾体为例展示自动化采集数据汇总情况，图3.1以内蒙古某试点旗县为例，展示了公共服务承灾体中各模块调查数据的上报条数、自动化采集系统采集总数及漏报条数。其中，黄色柱状为通过自动化采集系统采集的数据总数，蓝色柱状为试点旗县实际调查总数，红色柱状为漏报条数。

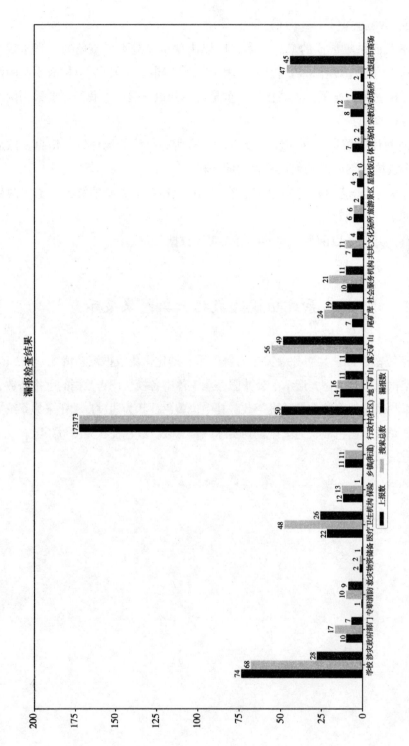

图3.1 自动化采集数据数据汇总（公共服务承灾体为例）

以公共服务承灾体中的学校模块为例，我们详细获取了学校名称、所属地、学校类别，这些信息是调查中的必填项，如表3-5所示。

综上，本系统不但获取了调查数据目录，而且实现了关键信息的自动化填报，并且能给出漏报情况。

表3-5 学校数据采集最终结果（部分数据）

机构名称	所属县级单位	子类	类别
西乌珠穆沁旗幼儿园	西乌珠穆沁旗	幼儿园	基础教育
巴林右旗红旗幼儿园	巴林右旗	幼儿园	基础教育
西乌珠穆沁旗蒙古族第二小学	西乌珠穆沁旗	小学	基础教育
西乌珠穆沁旗第二中学	西乌珠穆沁旗	初中	基础教育
西乌珠穆沁旗综合高级中学	西乌珠穆沁旗	高中	基础教育
巴林右旗直属机关蒙古族幼儿园	巴林右旗	幼儿园	基础教育
巴林右旗查干沐沦苏木查干沐沦中心小学	巴林右旗	小学	基础教育
巴林右旗大板第二中学	巴林右旗	初中	基础教育
巴林右旗兴邦职业技术学校	巴林右旗	职业技术学校	基础教育
巴林右旗大板职业中学	巴林右旗	中专	中等职业教育

3.7 系统的应用价值分析

该系统可以实现从数据采集源头把控质量。该系统构建了内蒙古地区乡镇-社区尺度行政区划数据库和应急行业普查对象（具体包括8项公共服务承灾体、6项综合减灾资源和3项重点隐患）的关键词数据库。在普查过程中，提前将构建的普查对象目录下发到调查单位，解决采集过程中"应查尽查、不重不漏"的问题。实现了对普查机构名称、地点、社会信用代码以及经纬度信息的采集，基于上述数据库即可实现普查数据基本信息的自动化填报，且正确率是100%，大大提高了数据采集效率。

第四章 基于Excel VBA技术的普查数据填报质控系统开发

4.1 开发背景及意义

由于本次综合风险普查涉及的行业部门、单位、企业多，深入一线进行技术调研发现填报的第一手的数据存在各种错误，例如，填串行、逻辑关系不对、漏填漏报、没按要求填报等，数据质量不高，需要从源头严格把控。因此需要在数据采集初期，制定完善的资料整理办法和系统录入规范。鉴于此，根据内蒙古试点阶段发现的问题，对调查数据的电子表格进行了二次开发，实现了填报数据逻辑关系内嵌，如果数据可能存在问题或可能错误，表格即不允许录入或提示错误。因此，针对这些现实问题和困难，必须借助信息化手段进行质控。

4.2 普查样表的二次开发与质控

在内蒙古普查过程中，发现公共服务承灾体、重点隐患、减灾能力和历史灾害4个大类、11个中类、23个小类中，均包含可以利用VBA技术实现逻辑关系内嵌的字段，例如，减灾能力中的"应急避难场所"样表，当其"室内/室外类型"字段的值为"室外"时，"应急避难场所室内面积"字段的值必须为0；再如，减灾能力中的"社区（行政村）综合减灾资源（能力）"样表，当其"防灾减灾应急物资储备方式"字段的值为"无储备"时，"现有储备物资、装备折合金额（实物储备时填写）"字段的值必须为0；当其"防灾减灾应急物资储备方式"字段的值为"实物储备"时，"现有储备物资、装备折合金额（实物储备时填写）"字段的值必须为带有2位小数的浮点数。限于篇幅，以历史年度自然灾害数据的填报为例，展示VBA技术实现调查样表的指标间逻辑关系内嵌和检测的流程和实现方法。

4.2.1　开发流程

首先确定普查任务和对象，包括自然灾害承灾体（包括公共服务设施承灾体和重点隐患承灾体）、减灾能力和历史灾害3个大类、11个中类、23个小类，如表4-1所示。其次，针对内蒙古普查数据质量不高的实际情况，从指标之间的逻辑关系出发，对每一个指标进行考量，逐一确定逻辑关系和规则；然后利用VBA技术对调查样表进行二次开发，实现逻辑关系内嵌，最后实现填报质控。具体流程如图4.1所示。

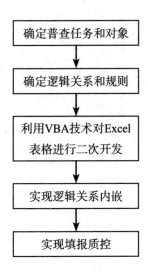

图4.1　系统开发流程

表4-1 内蒙古试点阶段普查对象列表

调查对象大类	调查对象中类	序号	调查对象小类
自然灾害承灾体（包括公共服务设施和重点隐患承灾体）	公共服务设施	1	学校
		2	医疗卫生机构
		3	提供住宿的社会服务机构
		4	公共文化场所
		5	旅游景区
		6	星级饭店
		7	体育场馆
		8	宗教活动场所
		9	大型超市、百货店和亿元以上商品交易市场
	危险化学品	10	加油加气加氢站
	非煤矿山	11	地下矿山
		12	露天矿山
		13	尾矿库
综合减灾资源	政府综合减灾能力	14	政府灾害管理能力
		15	政府专职和企事业专职消防救援队伍与装备
		16	森林消防队伍与装备
		17	应急避难场所
	企业与社会组长减灾能力	18	社会应急力量综合减灾资源
	乡镇与社区减灾能力	19	乡镇（街道）减灾能力
		20	社区（行政村）减灾能力
历史灾害		21	年度自然灾害调查
		22	历史重大自然灾害调查
		23	年度一般灾害调查

4.2.2 逻辑关系确立

凡是普查对象中具有逻辑关系的指标，均可通过该方式实现逻辑内嵌，达到填报质控的目的，限于篇幅，仅以历史灾害数据填报质控为例进行说明。所实现的指标间逻辑关系的检测，依据的是国务院普查办统一发布的技术规范——《全国自然灾害综合风险普查历史灾害调查技术规范——年度自然灾害情况调查（试点版）》所要求的逻辑关系进行开发。历史年度自然灾害各灾种和致灾因子之间的逻辑关系如表4-2所示。

表4-2 年度自然灾害情况调查填报指标与灾害种类对应表

指标	指标名称	干旱	洪涝	台风	风雹	低温冷冻灾害	雪灾	沙尘暴	地震	地质灾害	海洋灾害	森林草原火灾
灾害基本情况	灾害种类	√	√	√	√	√	√	√	√	√	√	√
	灾害发生时间	√	√	√	√	√	√	√	√	√	√	√
灾害影响、损失和救灾工作主要情况	受灾人口	√	√	√	√	√	√	√	√	√	√	√
	因灾死亡人口	√	√	√	√	√	√	√	√	√	√	√
	因灾失踪人口	√	√	√	√	√	√	√	√	√	√	√
	紧急转移安置人口	√										
	需紧急生活救助人口		√	√	√	√	√	√	√	√	√	√
	因旱需生活救助人口	√										
	其中：因旱饮水困难需救助人口	√										
	饮水困难大牲畜	√	√	√	√	√	√	√	√	√		√
	农作物受灾面积	√	√	√	√	√	√	√	√	√	√	
	其中：农作物成灾面积	√	√	√	√	√	√	√	√	√	√	
	其中：农作物绝收面积	√	√	√	√	√	√	√	√	√	√	
	倒塌房屋户数		√	√	√	√	√	√	√	√	√	√
	其中：倒塌农房户数		√	√	√	√	√	√	√	√	√	√
	倒塌房屋间数		√	√	√	√	√	√	√	√	√	√
	其中：倒塌农房间数		√	√	√	√	√	√	√	√	√	√
	损坏房屋户数		√	√	√	√	√	√	√	√	√	√
	其中：损坏农房户数		√	√	√	√	√	√	√	√	√	√
	损坏房屋间数		√	√	√	√	√	√	√	√	√	√
	其中：损坏农房间数		√	√	√	√	√	√	√	√	√	√

续表

指标	指标名称	干旱	洪涝	台风	风雹	低温冷冻灾害	雪灾	沙尘暴	地震	地质灾害	海洋灾害	森林草原火灾
灾害影响、损失和救灾工作主要情况	草场受灾面积	√										√
	草场过火面积											√
	林地受灾面积	√										√
	林地过火面积											√
	水产养殖受灾面积	√	√	√	√	√	√	√	√	√	√	
	直接经济损失	√	√	√	√	√	√	√	√	√	√	√
	其中：农业损失	√	√	√	√	√	√	√	√	√	√	√
致灾因子	过程最大风速			√								
	过程累积雨量		√	√								
	过程最大日雨量		√	√								
	过程大风日数			√								
	过程暴雨日数		√	√								
	暴雨站数		√									
	台风国际编号			√								
	中央台编号			√								
	台风名称			√								
	是否本地登陆			√								
	登陆时间			√								
	登陆强度			√								
	台风影响开始时间		√	√								
	台风影响结束时间		√	√								
	降雹开始时间				√							
	降雹结束时间				√							
	降雹持续时间				√							
	降雹时极大风速				√							
	冰雹最大直径				√							
	大风开始时间				√							
	大风结束时间				√							
	大风持续时间				√							
	日最大风速				√							

续表

指标	指标名称	干旱	洪涝	台风	风雹	低温冷冻灾害	雪灾	沙尘暴	地震	地质灾害	海洋灾害	森林草原火灾
致灾因子	日极大风速				√							
	低温开始时间					√						
	低温结束时间					√						
	低温持续时间					√						
	过程最低气温					√						
	降雪开始时间						√					
	降雪结束时间						√					
	降雪持续时间						√					
	过程最大降雪量						√					
	过程最大积雪深度						√					
	过程最低气温						√					
	地震震级								√			
	地震最大烈度								√			

*注：表格说明：第三个字段开始（干旱、洪涝……）代表灾害的种类；指标名称字段表示灾害的详细信息；'√'表示对应的灾害种类需要填写的灾害详细信息。

4.2.3　功能实现

当用户对任意单元格进行填写时，都会触发worksheet change事件，我们将针对这一事件，建立对应的响应操作。我们以风雹灾害为例来说明质控功能是如何实现的。

图4.2　历史年度灾害逻辑关系内嵌实现过程

灾害种类选择了"风雹灾害"，那么单元格A3的值变成"风雹灾害"

（图4.2）。同时，为了获取到当前输入的单元格位置信息，我们需要利用Target的Row属性，来获取当前单元格的行号。

从表4-2中，我们可以找到，如果灾害种类填写为"风雹灾害"，那么图4.2中的"因旱饮水困难需救助人口"字段是不能填写的。

通过Range对象，可以获取单元格的内容，即Disaster_Type = Range(cell_name)，接下来需要检测与该单元格在同一行的第M列，即restrict_cell_1 = m & CStr(active_row)，然后利用下列代码判别该单元格是否正在被填写，如果被填入值，则弹出提示窗口，同时将该单元格的数据清空（图4.3）。

图4.3　程序运行结果测试

4.3　质控效果展示

二次开发应急采集软件，嵌入质检规则，质检后的数据导入国家应急软件，实现质量控制关口前移。下面以减灾能力大类中的"应急避难场所"样表和"社区（行政村）综合减灾资源（能力）"样表为例进行质控效果展示。

在"应急避难场所"样表中，如果"室内/室外类型"字段的值为"室外"，而"应急避难场所室内面积"字段的值不为0时，则提示录入错误，具体质控效果如图4.4所示。

应急避难场所建设类型	避难时长	室内/室外类型	应急避难场所占地总面积	应急避难场所室内面积	避难所容纳人数	标志标识规范性
(单选)	(单选)	(单选)	平方米	平方米	万人	是/否
广场类	临时（10天以	室外	80283		200 40000	是
学校类	未有明确时长	室内	12000	12000	0.3	
学校类	未有明确时长	室外	16200		0 0.2	
学校类	临时（10天以	室外	85800	44298.98	1	
学校类	未有明确时长	室外	14000	0	0.2	

（Microsoft Excel 弹窗：该列值应为0！ 确定）

图4.4 应急避难场所数据采集质控效果图

在"社区（行政村）综合减灾资源（能力）"样表中，当"防灾减灾应急物资储备方式"字段的值为"无储备"时，如果"现有储备物资、装备折合金额（实物储备时填写）"字段的值不为0，则提示录入错误，具体质控效果如图4.5（a）所示。当其"防灾减灾应急物资储备方式"字段的值为"实物储备"时，如果"现有储备物资、装备折合金额（实物储备时填写）"字段的值为0，则提示录入错误，具体质控效果如图4.5（b）所示。

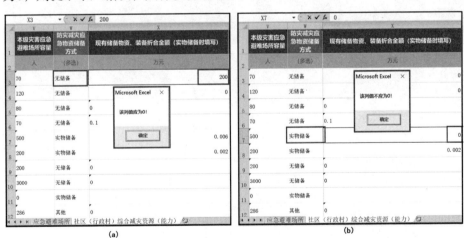

(a)　　　(b)

图4.5 社区（行政村）综合减灾资源（能力）数据采集质控效果图

4.4 填报质控的作用和价值

我们对普查样表进行了二次开发，将数据逻辑嵌入到表格中，如果填报数据不符合逻辑，表格即不能录入或提示错误，确保采集质量。具体功能表现在两个方面：一是在数据采集录入时，对逻辑错误的数据终止录入，对可能的错误进行核对提醒，对不确定的数据进行抽样提醒；二是在建立海量数据库的基础上，部分录入数据的审核后，能够提供参考的正确内容。这也是这套系统的突出特点之一，即：不仅能发现填报过程中出现的错误，而且还能为填报人员提供正确答案。这一经验模式实现了在数据采集源头把控质量，并且具有普适性，该方法是可复制可推广的。

第五章　多要素综合质检系统开发
——以学校模块为例

多要素综合质检系统作为内蒙古自然灾害综合风险普查质检工程的子模块，以内蒙古普查阶段的学校为核验对象，有效地实现了学校模块的多要素自动化质量检测。前期的实验证明该系统所采用的技术手段合理、有效、准确，为下一步向其他调查对象推广提供了一个技术支持。

5.1　开发背景及意义

以内蒙古普查过程中学校模块的填报为例，在调查的过程中，存在着大量填报错误，包括学校信息的超范围填报，机构代码和统一社会信用代码未按技术规范要求填报等错误。例如，某旗县填报了78个学习的信息，而真正需要开展调查的单位只有43个，导致调查工作量几乎翻倍。鉴于此，开发了多要素综合质检系统。

该系统是一款高效的自动化多要素质检系统，主要实现了校名的重复性检测、学校社会信用代码的规范性检测、学校社会信用代码与学校名称的一致性检测、学校地址规范性检测、学校标识码漏填及规范性检测、坐标系的转换及经纬位置检测。为下一步对其他调查对象各个要素的自动化检测清查奠定了技术基础。

5.2 原始填报数据描述

学校模块的填报指标包括名称、标识码、办学类型等29项。依据技术规范其填报要求如下，但在调查过程中存在各类问题：

学校（机构）名称：是指在教育行政部门备案的学校（机构）全称。在实际填报过程中，存在学习名称填报的是俗名或简称的情况。

学校（机构）标识码：是指由教育部按照国家标准及编码规则编制，赋予每一个学校（机构）在全国范围内唯一的、始终不变的识别标识码。具体按照教育部编制的10位学校（机构）标识码填报。在实际填报过程中，存在标识码位数不准确的情况。

学校（机构）办学类型（大类）（单选）：①基础教育；②中等职业教育；③高等教育。

学校（机构）办学类型（中类）：指学校（机构）办学类型（大类）中某选项的次一级教育机构类型。其中：基础教育包括（单选）：①幼儿园；②小学；③初级中学；④职业初中；⑤九年一贯制学校；⑥高级中学；⑦完全中学；⑧十二年一贯制学校；⑨特殊教育学校；⑩工读学校。中等职业教育（单选）：包括①普通中专；②成人中专；③职业高中；④技工学校；⑤其他中职机构。高等教育（单选）：①普通高等学校；②成人高等学校；③民办其他高等教育机构。普通高等学校：是指通过国家普通高等教育招生考试，招收高中毕业生为主要培养对象，实施高等学历教育的全日制大学、独立设置的学院、独立学院和高等专科学校、高等职业学校及其他普通高教机构。具体包括大学、学院、独立学院、高等专科学校、高等职业学校、分校、大专班；不包括培养研究生的科研机构及其他成人高教机构。成人高等学校：是指通过国家成人高等教育招生考试，招收具有高中毕业或同等学力的人员为主要培养对象，利用函授、业余、脱产等多种形式，对其实施高等学历教育的学校。包括：职工高等学校、农民高等学校、管理干部学院、教育学院、独立函授学院、广播电视大学、其他成人高教机构。民办的其他高等教育机构：是指经省、自治区、直辖市教育行政部门审批并颁发办学许可证，不具有颁发普通本专科和成人本专科学历文凭资格的实施高等教育的单位。在实际填报过程中，存在超范围填报的情况，比如将附设教学班列入了单独调查的对象，将成人初中、成人高中以及非教育部门主管的机构（如党校等）均列为了调查对象。

5.3 系统功能

多要素综合质检系统利用Python编程语言开发实现。依据文件《1-承灾体_公共服务设施调查技术规范_20200430》的规定，通过Python语言实现了对Excel文档《01 全国灾害调查-学校清查数据》中"名称""地址""统一社会信用代码/机构编码""代码类型""学校标识码""经度"和"纬度"列数据的自动化检测，检测功能如图5.1所示。

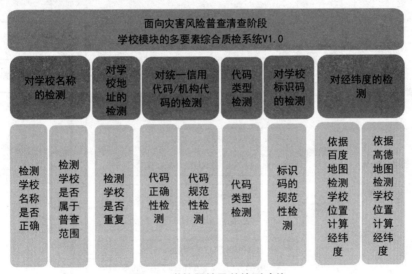

图5.1 学校属性及其检测功能

该质检系统由多个检测功能模块构成，可分为正确性检测、规范性检测、地理编码检测、重复项检测及类型检测等几类，各功能模块功能及处理数据如图5.2所示。正确性检测模块对学校名称、统一社会信用代码进行正确性检测，检测依据国家代码中心间接提供的云端数据，这些数据开放、权威、可靠且具备时效性。规范性检测模块中的多个子模块对学校名称、地址、统一社会信用代码、机构编码和学校标识码进行规范性方面的检测。对统一社会信用代码和机构编码以计算校验位的方式进行规范性检测，而对于名称和地址类数据则使用目前主流的基于Python开发的jieba引擎进行自然语言分词处理后进行分析。自然语言处理模块属于系统中辅助模块，它能够将名称和地址类数据量化为方便程序处理的数据结构，极大提升了系统稳定性和检测的有效性。地理编码检测模块对学校点位信息进行检测，并评价其正确性。该模块依据百度地图和高德地图的开放接口对学校进行地理编码查询，并根据经纬度差评价其偏离情况。如果偏差过大则视为可疑，并添加注释。重复项检测模块对学校名称是否重复进行检测，除了能发现完全相同的值的重复情况之外，还能进行模糊匹配，排查因同义词而形成的潜在重复项。编码类型检测模块则主要负责检测编码类型的误报情况，能够根据输入代码值判断其为哪种类型的代码。

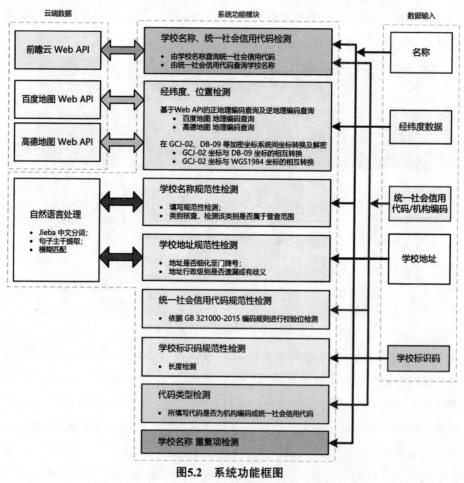

图5.2　系统功能框图

具体检测内容概况如图5.2所示。对于不符合技术规范要求的记录，在检测结果文档中做了以下处理：标黄的单元格的内容是可能错误的，如果出现确切错误的，将该单元格标黄，当鼠标悬浮到标黄的单元格时，以批注的形式提示错误描述。检测结果文档如图5.3所示。

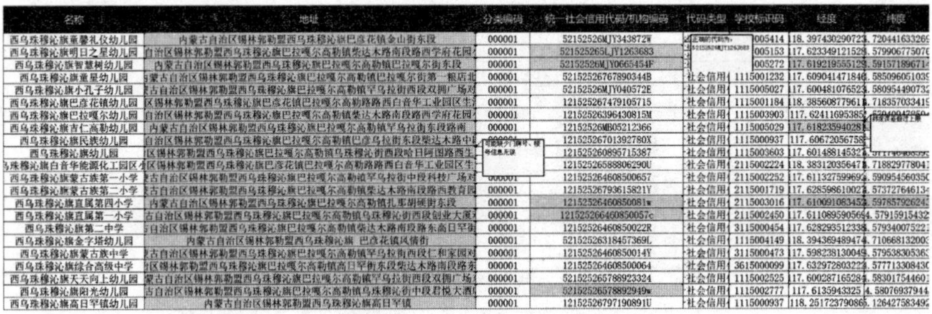

名称	地址	分类编码	统一社会信用代码/机构编码	代码类型	学校标识码	经度	纬度
西乌珠穆沁旗童馨礼仪幼儿园	内蒙古自治区锡林郭勒盟西乌珠穆沁旗巴彦花镇金山街东段	000001	52152526MJY343872W		005414	118.397430290723	.720441633269
西乌珠穆沁旗明日之星幼儿园	自治区锡林郭勒盟西乌珠穆沁旗巴拉嘎尔高勒镇柴达木路南段路西学府花园	000001	521525265LJY1263683		005153	117.623349121528	.579906775076
西乌珠穆沁旗智慧树幼儿园	内蒙古自治区锡林郭勒盟西乌珠穆沁旗巴拉嘎尔高勒镇巴拉嘎尔街东段	000001	52152526MJY0665454F		005272	117.619219555129	.591571896714
西乌珠穆沁旗童星幼儿园	蒙古自治区锡林郭勒盟西乌珠穆沁旗巴拉嘎尔高勒镇巴拉嘎尔街第一粮店北	000001	521525267678903448	社会信用	1115001232	117.609041471846	.585096051039
西乌珠穆沁旗小孔子幼儿园	古自治区锡林郭勒盟西乌珠穆沁旗巴拉嘎尔高勒镇罕乌拉街西段双拥广场对	000001	52152526MJY040572E	社会信用	1115005027	117.600481076523	.580954490732
西乌珠穆沁旗巴彦花镇幼儿园	区锡林郭勒盟西乌珠穆沁旗巴彦花镇巴拉嘎尔高勒路路西白音华工业园区生	000001	121525267479105715	社会信用	1115001184	118.385608779611	.718357033415
西乌珠穆沁旗巴拉嘎尔幼儿园	自治区锡林郭勒盟西乌珠穆沁旗巴拉嘎尔高勒镇柴达木路南段路西学府花园	000001	12152526396430815M	社会信用	1115003903	117.62411695385	
西乌珠穆沁旗吉仁高勒幼儿园	内蒙古自治区锡林郭勒盟西乌珠穆沁旗巴拉嘎尔高勒镇罕乌拉街东段路南	000001	12152526MB05212366	社会信用	1115005029	117.618235940281	
西乌珠穆沁旗民族幼儿园	自治区锡林郭勒盟西乌珠穆沁旗巴拉嘎尔高勒镇巴彦乌拉街东段柴达木路中		12152526701392780X	社会信用	1115000937	117.60672056758	
西乌珠穆沁旗幼儿园	区锡林郭勒盟西乌珠穆沁旗巴拉嘎尔高勒镇乌珠穆沁街西段哈日阿图路西生		121525260895715387	社会信用	1115003603	117.601488145327	
乌珠穆沁旗白音华能源化工园区小	区锡林郭勒盟西乌珠穆沁旗巴彦花镇巴拉嘎尔高勒路路西白音华工业园区生		12152526588806290U	社会信用	2115002224	118.383120356471	.718829778041
西乌珠穆沁旗蒙古族第一小学	古自治区锡林郭勒盟西乌珠穆沁旗巴拉嘎尔高勒镇罕乌拉街中段科技广场对		121525264608500657	社会信用	2115002252	117.611327599692	.590954560350
西乌珠穆沁旗蒙古族第二小学	古自治区锡林郭勒盟西乌珠穆沁旗巴拉嘎尔高勒镇柴达木路南段路西教育园	000001	12152526793615821Y	社会信用	2115001719	117.628598610027	.573727646134
西乌珠穆沁旗直属第四小学	内蒙古自治区锡林郭勒盟西乌珠穆沁旗巴拉嘎尔高勒镇扎那胡硕街东段	000001	12152526460850081w	社会信用	2115003016	117.610091083452	.597857926243
西乌珠穆沁旗直属第一小学	古自治区锡林郭勒盟西乌珠穆沁旗巴拉嘎尔高勒镇乌珠穆沁街西段创业大厦	000001	121525266460850057c	社会信用	2115002450	117.61108959056	4.57915915432
西乌珠穆沁旗第二中学	自治区锡林郭勒盟西乌珠穆沁旗巴拉嘎尔高勒镇柴达木路南段路东高日罕街	000001	12152526460850022R	社会信用	3115000454	117.628293512338	.579340075221
西乌珠穆沁旗金字塔幼儿园	内蒙古自治区锡林郭勒盟西乌珠穆沁旗 巴彦花镇风情街	000001	52152526318457369L	社会信用	1115004149	118.394369489474	.710668132003
西乌珠穆沁旗蒙古族中学	古自治区锡林郭勒盟西乌珠穆沁旗巴拉嘎尔高勒镇罕乌拉街西段仁和家园对	000001	12152526460850014Y	社会信用	3115000473	117.598238130049	.579538305363
西乌珠穆沁旗综合高级中学	区锡林郭勒盟西乌珠穆沁旗巴拉嘎尔高勒镇高日罕街东段柴达木路南段路东	000001	121525264608500064	社会信用	3615000099	117.632972803222	.577713308430
西乌珠穆沁旗天天向上幼儿园	蒙古自治区锡林郭勒盟西乌珠穆沁旗巴拉嘎尔高勒镇罕乌拉街西段双拥广场	000001	521525265788923324	社会信用	1115002525	117.600287165284	.583017544601
西乌珠穆沁旗阳光幼儿园	古自治区锡林郭勒盟西乌珠穆沁旗巴拉嘎尔高勒镇乌珠穆沁街中段君悦大酒	000001	52152526578892949w	社会信用	1115002777	117.6135943325	4.58076937944
西乌珠穆沁旗高日罕镇幼儿园	内蒙古自治区锡林郭勒盟西乌珠穆沁旗高日罕镇	000001	12152526797190891U	社会信用	1115000937	118.251723790865	.126427583492

图5.3 结果检测文档

5.4 部分质检结果展示

5.4.1 学校名称检测

（1）检测该学校的名称的正确性。根据学校名称及其统一社会信用代码的对应关系进行检测，能够快速准确地判断学校名称是否与国家代码中心数据库中记录一致，并通过Python语言中强大的自然语言处理模块jieba实现名称的中文分词及主干提取等操作，实现在查询结果与目标不一致时判断其是否存在近义词替代等情况，进一步提升了系统的智能化程度。借助前瞻云的Web API，系统对机构名称及其对应的统一社会信用代码进行正向（即由名称检索信用代码）和反向（即由信用代码查询机构名称）查询，进而实现学校名称与统一社会信用代码的双重错误排查，能够顾及全部可能的错误情形，并分别进行可视化标注，可以大幅提升质检效率。

（2）检测该学校填报范围的正确性。依据文件《1-承灾体_公共服务设施调查技术规范_20200430》的规定（图5.4），本系统实现了对Excel文档《01

全国灾害调查-学校清查数据》中的"名称"列的自动化检测，例如，"巴林右旗浩瀚星空艺术培训中心有限公司"属于培训机构，不在本次普查范围内，因此，在检测结果文档中我们以标黄显示，并且当鼠标悬浮到该单元格时提示"此机构可能不在本次要求范围"，如图5.5所示。

表号	表名	调查对象范围	组织填报单位（建议）
A01	公共服务设施（学校）调查表	1、**基础教育**：包括幼儿园、小学、初级中学、职业初中、九年一贯制学校、高级中学、完全中学、十二年一贯制学校、特殊教育学校、工读学校，含各类学校教学点，不包含附设教学班、托班。 2、**中等职业教育**：包括普通中专、成人中专、职业高中，不包含附设教学班。 3、**高等教育**：包括普通高等学校、成人高等学校、民办其他高等教育机构、技工学校、其他中职机构，不包含附设教学班、研究生培养机构。	教育部门

图5.4　技术规范规定

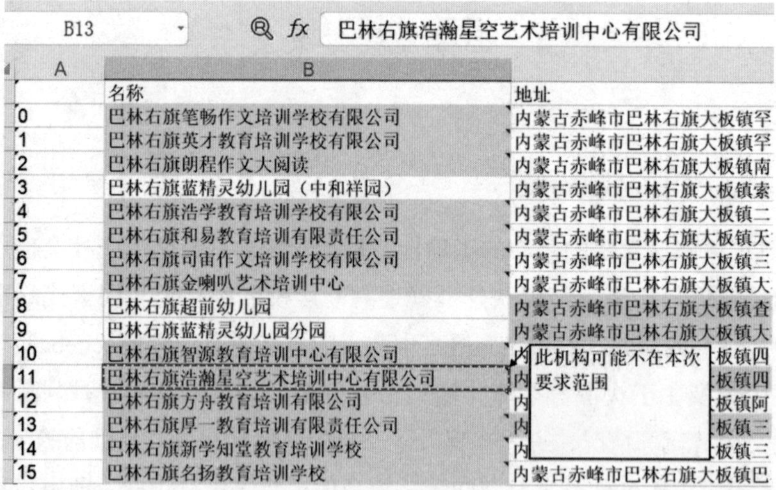

图5.5　检测该学校是否属于本次普查的范畴结果图

（3）学校名称的重复性检测。通过Python中的自然语言分词模块jieba进行关键词的模糊查找，实现名称模糊匹配，可以有效查找因为同义词、近义词等引起的重复录入情况。如大板第六小学和巴林右旗大板第六小学是同一个，可以实现多文件查重，标记文件名称以及出现的行数，如果检测到重复在该

Excel表内增加一列进行标识和说明，如图5.6所示。

名称	经度	纬度	重复信息说明
巴林右旗幸福之路苏木岗根中心小学	118.9284358	43.81623628	无
巴林右旗益和诺尔中心小学	119.6160362	43.30312925	无
巴林右旗巴彦琥硕镇巴彦琥硕中心小学	118.568224	43.8583	无
巴林右旗大板第六小学	118.677328	43.533668	无
巴林右旗大板第二中学	118.6850031	43.51419516	无
巴林右旗直属机关幼儿园	118.680928	43.52488	无
巴林右旗大板职业中学	118.6700952	43.52189973	无
巴林右旗大板镇巴彦汉中心小学	118.5562	43.501252	无
巴林右旗大板铁路小学	118.643088	43.52264	无
中国共产党巴林右旗委员会党校	118.674822	43.53545784	无
巴林右旗索博日嘎镇中心小学	118.509168	44.198728	无
巴林右旗宝日勿苏镇宝日勿苏蒙授中心小学	119.473232	43.514548	无
巴林右旗大板蒙古族实验小学	118.672112	43.52242	无
巴林右旗第四中学	118.6710949	43.53844564	无
巴林右旗西拉沐沦苏木胡日哈中心小学	119.804192	43.4575125	无
巴林右旗查干诺尔镇羊场中心小学	119.1153453	43.45249312	无
巴林右旗大板实验小学	118.668064	43.521312	无
巴林右旗查干沐沦苏木查干沐沦中心小学	118.5058947	43.71748549	无
巴林右旗直属机关蒙古族幼儿园	118.671416	43.52226	无
巴林右旗巴彦塔拉苏木中心小学	118.846416	43.667024	无

< > 》 01 全国灾害调查-学校清查数据 +

图5.6 学校"名称"列值的重复性检测结果

5.4.2 学校地址检测

（1）地址的四级行政区划填写标准性检测。系统能够通过自然语言处理模块将所填写地址拆分，并分析其行政级别的递减是否正确。如内蒙古赤峰市大板镇索博日嘎街西段67号，这里少了三级行政单位巴林右旗，完整应该为内蒙古赤峰市巴林右旗大板镇索博日嘎街西段67号。检测结果如图5.7所示。

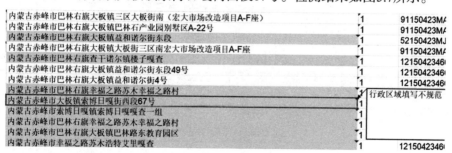

图5.7 地址的行政区域填写不规范

（2）地址填写是否符合技术规范和清查手册要求。清查手册要求学校地址要精确到门牌号。系统通过自然语言模块的分词处理后分析其是否精确到了门牌号。检测方法：检查详细地址（去掉四级行政区划之后，如索博日嘎街西段67号）中是否含有阿拉伯数字或者汉字数字。检测结果如图5.8所示。

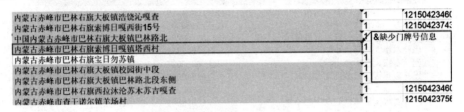

图5.8　地址中缺少门牌号信息

5.4.3　统一社会信用代码/机构编码检测

（1）编码实现了统一社会信用代码的规范性检测。依据国家标准《法人和其他组织统一社会信用代码编码规则GB 32100—2015》中规定的编码规则，实现了统一社会信用代码的校验功能。该功能可以在离线状态下对统一社会信用代码进行规范性检测。校验码计算公式：

$$C_{18}=31-\text{MOD}\left(\sum_{i=1}^{17}C_i\times W_i, 31\right) \qquad (1)$$

其中：

$\text{MOD}(n, m)$整数求余函数；

i　编码字符从1开始的索引号；

C_i　第i个位上的编码字符；

C_{18}校验码；

W_i　第i个位上的加权因子，$W_i=\text{MOD}(3^{(i-1)}, 31)$，加权因子见表5-2。

表5-2　各位置序号上的加权因子

i	1	2	3	4	5	6	7	8	9	10	11	12	13	14	15	16	17
W_i	1	3	9	27	19	26	16	17	20	29	25	13	8	24	10	30	28

当MOD函数值为1（即$C_{18}=30$）时，校验码应用符号Y表示；当MOD函数值为0（即$C_{18}=31$）时，校验码用0表示。校验位代码字符集见表5-3。

表5-3　代码字符集

字符	0	1	2	…	9	A	B	…	W	X	Y
数值	0	1	2	…	9	10	11	…	28	29	30

检测结果如图5.9所示。被高亮显示单元为该列中未通过规范性检测的项目。

名称	地址	分类编码	统一社会信用代码/机构编码	代码类型
巴林右旗金太阳幼儿园	内蒙古赤	000001	5215042308519873X5	统一社会信用代码
巴林右旗程锦教育培训有限公司	内蒙古赤	000001	91150423MA0Q4UJ72L0	统一社会信用代码
巴林右旗趣学培训学校有限公司	内蒙古赤	000001	91150423MA0Q6C444B	统一社会信用代码
巴林右旗和众教育培训有限公司	内蒙古赤	000001	91150423MA0QLA9D65	统一社会信用代码
巴林右旗乐学教育培训有限公司	内蒙古赤	000001	91150423MA0Q7W1106	统一社会信用代码
巴林右旗智恒教育培训中心	内蒙古赤	000001	91150423MA0Q49YG46	统一社会信用代码
巴林右旗小明星双语幼儿园	内蒙古赤	000001	5215042307011564 7P	统一社会信用代码
巴林右旗爱伯吉他培训学校有限公司	内蒙古赤	000001	91150423MA0Q6C8C5	统一社会信用代码
巴林右旗蓝精灵幼儿园	内蒙古赤	000001	52150423085173233L	统一社会信用代码
巴林右旗宝日勿苏镇英才幼儿园	内蒙古赤	000001	11150423MB0Q0516297	统一社会信用代码
巴林右旗新视野英语培训学校	内蒙古赤	000001	91150423MA0N06JK9T	统一社会信用代码
巴林右旗睿思英语学校	内蒙古赤	000001	91150423MA0Q4TAT2K	统一社会信用代码
巴林右旗小桔灯教育培训中心有限责任	内蒙古赤	000001	91150423MA0Q88FNXC	统一社会信用代码
巴林右旗博然教育	内蒙古赤	000001	91150423MA0Q32DC34	统一社会信用代码
巴林右旗格斯尔幼儿园	内蒙古赤	000001	52150423MJY290870U	统一社会信用代码
巴林右旗博睿教育培训有限公司	内蒙古赤	000001	91150423MA0Q0RD90N	统一社会信用代码

图5.9 学校"统一社会信用代码/机构编码"列值的规范性检测结果

（2）编码实现了统一社会信用代码的正确性检测。借助前瞻云平台的Web API，对机构名称及其对应统一社会信用代码进行正向（即由名称检索信用代码）或反向（即由信用代码查询机构名称）查询，进而实现统一社会信用代码的错误排查，并进行可视化标准。检测结果显示展示见图5.10。

名称	地址	分类编码	统一社会信用代码/机构编码
高勒镇中心卫生	郭勒盟西乌珠	000002	12152526460850575L
高勒镇巴彦高勒	西乌珠穆沁旗吉	000002	12152526460850671X
花镇中心卫生院	林郭勒盟西乌珠	000002	121525264608505402
胡舒苏木中心	郭勒盟西乌珠	000002	12152526460850508N
嘎尔高勒镇社	旗巴拉嘎尔高勒	000002	12152526686520843D
沁旗疾病预防	沁旗巴拉嘎尔	000002	12152526460850460E
妇幼保健计划	沁旗巴拉嘎尔	000002	12152526460850479B
珠穆沁旗蒙医	正确的名称为：西乌珠穆沁旗旗医院	002	12152526460850452K
乌珠穆沁旗旗		002	121525264608504444Q
哈拉嘎苏木巴		002	121525264608504951
镇中心卫生院		002	121525264621870257
兰哈拉嘎苏木卫	000002		12152526460850591A
图高勒镇中心	郭勒盟西乌珠穆	000002	12152526460850524C

图5.10 学校名称和"统一社会信用代码"双向检测结果展示

（3）编码实现了统一社会信用代码与机构编码的编码类型检测。依据国家标准《法人和其他组织统一社会信用代码编码规则GB 32100—2015》中规定的编码规则判断所填写代码是统一社会信用代码还是机构编码，检测结果如图5.11所示。

121504234603600070Q	机构编码		此编码为社会机构代码
12150423460360445D	机构编码	
12150423460360509B	机构编码	
12150423460360621093	机构编码	
12150423460360618510	机构编码	
12150423460360015K	机构编码	
12150423460360602188	机构编码	

图5.11　学校"代码类型"检测结果

5.4.4　学校标识码检测

（1）编码实现了对学校标识码缺失情况的检测。该功能对该字段进行初步审查，对空白单元进行必要的标注（图5.12）。

（2）编码实现了对学校标识码规范性检测。根据所填写标识码长度判断其是否符合学校标识码格式要求，并在长度不符合要求时对单元格添加注释，以便人工排查（图5.12）。

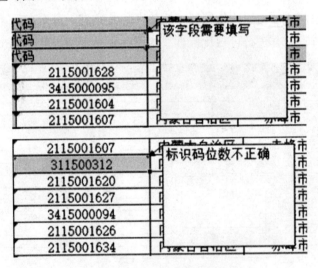

图5.12　学校"标识码"检测结果

5.4.5　坐标系的转换及经纬位置检测

由于《全国灾害综合风险普查公共服务设施调查技术规范》规定在清查过程中采用"天地图"作为地图底图，以"天地图"作为统一的时空基准、地理参考，来对周边环境进行识别和定位。为了丰富地理数据和信息的获取渠道，本系统在地物比对方面同时参考了百度地图和高德地图数据。为在不同加密坐标系统之间精确传送和读取数据，本系统实现了坐标值由国测局坐标系（GCJ-02）向百度坐标系（BD-09）的转换、百度坐标系（BD-09）向国测局坐标系（GCJ-02）的转换、WGS1984向GCJ02（国测局坐标系）的转换以及GCJ02（国测局坐标系）向WGS1984的转换。并实现了表中经纬度与通过百度地图所查的经纬度之间的差值计算，以及与通过高德地图所查的经纬度之间的差值计算，并对误差超过0.005度的地理位置进行标记。

编码实现了坐标系的转换以及经纬度误差的检测，检测结果如图5.13所示。结果显示利用高德地图能求出更加准确的位置信息。

150423100	巴林右旗教育局	118.68092800000001	43.524879999999996
150423100	巴林右旗教育局	118.67009524101135	43
150423100	巴林右旗教育局	118.5562	43
150423002	巴林右旗教育局	118.64308799999999	43
150423100	巴林右旗应急管理局	118.6748219515249	43
150423101	巴林右旗教育局	118.50916799999999	44
150423102	巴林右旗教育局	119.47323200000001	43.514548
150423002	巴林右旗教育局	118.67211200000001	43.522420000000004
150423100	巴林右旗教育局	118.6710948792195	43.53844564022121
150423200	巴林右旗教育局	119.80419204593231	43.457512501509065
150423103	巴林右旗教育局	119.11534534658252	43.45249311774887
150423100	巴林右旗教育局	118.66806399999999	43.521312
150423204	巴林右旗教育局	118.50589474699416	43.717485487585115
150423100	巴林右旗教育局	118.671416	43.522259999999996
150423201	巴林右旗教育局	118.84641599999999	43.667024
150423100	巴林右旗教育局	118.67507225476902	43.53400339356953

对应地址：内蒙古自治区赤峰市巴林右旗大板镇大板镇巴彦汉中心小学

图5.13 经纬度误差检测结果

5.5　总体数据质量分析

5.5.1　名称字段的检测结果分析

对学校名称字段的检测结果分析如图5.14所示。

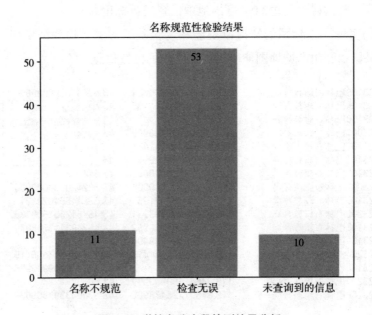

名称规范性检验结果

图5.14　学校名称字段检测结果分析

（1）其中学校名称填写有问题的记录数总共有21条，占全部记录的28%；

（2）有相似名称的记录条数占记录总数的3.0%。

5.5.2　地址字段的检测结果分析

对学校地址字段的检测结果分析如图5.15所示，从图中可知，总共有67条记录地址填写不规范，占总体比例的91.0%。

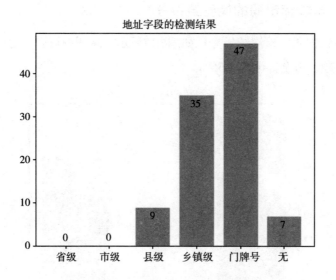

图5.15　学校地址字段检测结果分析

5.5.3　统一社会信用代码/机构编码的检测结果分析

对统一社会信用代码/机构编码的检测结果分析如图5.16所示，从图中可知，总共有10条记录填写有问题，占全部记录的14%。

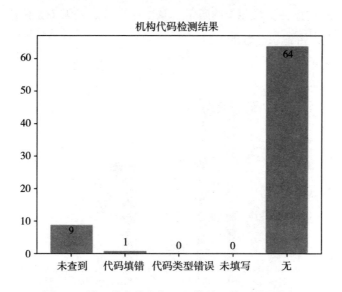

图5.16　统一社会信用代码/机构编码检测结果分析

5.5.4　学校标识码的检测结果分析

对学校标识码的检测结果分析如图5.17所示，从图中可知，总共有42条记录填写有问题，占全部记录的56%。

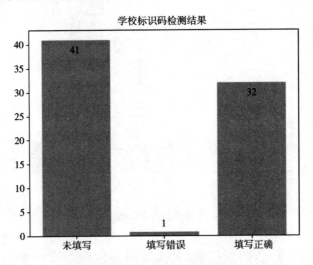

图5.17　学校标识码的检测结果分析

5.5.5　总体检测结果分析

总体检测结果分析如图5.18所示，从图中可知，总共有2条记录填写的经纬度误差过大，占记录总数的3%。

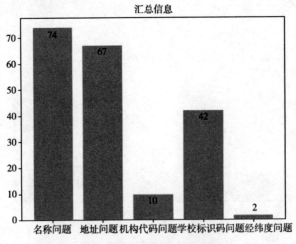

图5.18　总体检测结果分析

5.6 系统的应用价值分析

该系统实现了逻辑校验、填报范围超标检测、编码错误检测、点位信息异常检查、类别不匹配检测、名称及信用代码双向校验及各字段的合理性检测，而人工只能辨识逻辑与填报范围，其他检测很难做到。具体应用价值分析如下：

（1）经纬度点位信息异常检查

利用百度地图等API接口，对填报内容所涉地理位置信息进行横向校验，精度可达500米，初步研判需进一步核实位置的数据。

（2）名称及社会信用代码不匹配检测

利用CDSO机构代码等网络数据，开展名称和社会信用代码双向检测，实现名称与代码正确性和匹配性检测。并对填报有误的数据，自动更正正确数据，对存疑的数据，标注疑虑点。

（3）填报范围超标检测

充分利用技术规范，设置检测标准，排查超范围数据。学校模块，辅导班和兴趣班常被填报。依据技术规范设置的标准，采用Python语义分析技术，进行超范围排查。

（4）编码错误检测

首先进行规范性检测，排查不够11位数的异常数据。然后进行正确性检测，充分利用民政数据，进行匹配检测。

（5）重复性检测

利用C++等语言，进行表内和跨表综合对比，确认数据是否存在重复。

为了更有效地推广检测系统的职能效应，在检测结果的基础上，进一步设计评分标准，获取试点单位数据填报的质量，作为职能部门表彰与追责的参考。

第六章　多指标漏报检测系统开发

针对内蒙古试点单位填报的数据，进行规范性和正确性检验的基础上，为践行应急管理部关于风险普查"不重不漏"的原则，本团队进一步开发了多指标漏报检测系统。

6.1　系统开发的背景和意义

针对内蒙古普查阶段填报的数据，进行规范性和正确性检验的基础上，为潜行应急管理部关于风险普查"不重不漏"的原则，开发了多指标漏报检测系统。该系统充分利用高德和百度POI数据，获取学校、医院等调查对象的POI数据；然后依据技术规范，进行范围外剔除处理；之后与填报数据进行比对，确认漏报条目。利用政府网站公布的旅游资源数据、行政区划等数据，构建区域数据库，进行已填报数据的库内比对，确认漏报范围。利用学术网站开源数据，进行部分对象漏报检测依托中国知网等学术网上，进行区域矿山、重点隐患数据的查询和建库。之后进行填报数据的比对，确认漏报情况。

6.2　漏报对象的确定

在普查过程中，必须要理清调查对象范围，确保在外延明确的基础上开展漏报工作，我们认真研读了《全国自然灾害综合风险普查应急管理系统普查任务清查工作手册》，进一步明确调查对象的范围，具体规定如表6-1所示。

表6-1　全国自然灾害综合风险普查应急管理系统调查范围汇总

调查对象种类	调查对象小类	对象范围
公共服务设施	学校	1.基础教育：包括幼儿园、小学、初级中学、职业初中、九年一贯制学校、高级中学、完全中学、十二年一贯制学校、特殊教育学校、工读学校，含各类学校教学点，不包含附设教学班、托班。
		2.中等职业教育：包括普通中专、成人中专、职业高中，不包含附设教学班。
		3.高等教育：包括普通高等学校、成人高等学校、民办其他高等教育机构、技工学校、其他中职机构，不包含附设教学班、研究生培养机构。
	医疗卫生机构	1.医院：包括综合医院、中医医院、中西医结合医院、民族医院、专科医院、护理院。含医学院校附属医院。
		2.基层医疗卫生机构：包括社区卫生服务中心（站）、乡镇（街道）卫生院，不包括村卫生室、门诊部、诊所（医务室）。
		3.专业公共卫生机构：包括疾病预防控制中心、专科疾病防治机构、妇幼保健机构（含妇幼保健计划生育服务中心）、急救中心（站）、采供血机构；不包括卫生监督机构、健康教育机构、取得《医疗机构执业许可证》或《计划生育技术服务许可证》的计划生育技术服务机构；也不包括疗养院、临床检验中心、医学科研机构、医学在职教育机构、卫生监督（监测、检测）机构、医学考试中心、农村改水中心、人才交流中心、统计信息中心等卫生事业单位。
	提供住宿的社会服务机构	1.养老服务机构：包括社会福利院、农村特困人员救助供养机构，不包含社区家庭互助式养老机构。
		2.儿童福利和救助机构：包括儿童福利机构、未成年人救助保护中心。
		3.精神疾病服务机构：指社会福利医院，不包含精神病院，精神病院相关统计由医疗卫生机构填报。
		4.其他提供住宿机构：主要指生活无着人员救助管理站，不包含军供站等其他提供住宿的社会服务机构。
	公共文化场所	1.公共图书馆：包括公共图书馆，不包括学校机构图书馆、各类机构内部举办的或单独举办的图书馆、部队系统以及文化馆（文化中心、群众艺术馆）、文化站内设的图书室等。
		2.博物馆：包括博物馆（院）、纪念馆（舍）、科技馆、陈列馆。
		3.文化馆：包括文化馆（含综合性文化中心、群众艺术馆）、文化站；不包括临时抽调人员组成、没有编制的农村和街道文化工作队、服务站等。
		4.美术馆：包含由文化部门主办或实行行业管理的国有美术馆，以及在民政部门登记注册并在文化部门备案的非营利性民营美术馆。
		5.艺术表演馆:包括剧场、影剧院、音乐厅、书场、曲艺场、杂技场、马戏场、综合性剧场。

续表

调查对象种类	调查对象小类	对象范围
公共服务设施	旅游景区	包含A级、AA级、AAA级、AAAA级、AAAAA级国家旅游景区，不含未定级及其他类型景区。
	星级饭店	包括一星级、二星级、三星级、四星级、五星级（含白金五星级）饭店。另外，各省可结合实际情况，将未定星级但客房在50个以上、占地面积在5000㎡以上的宾馆酒店纳入调查范围（自选）。
	体育场馆	各系统、各行业、各种所有制形式的体育场、体育馆、游泳馆、跳水馆情况，不含其他类型体育场馆。
	宗教活动场所	宗教事务部门登记的宗教（佛教、道教、伊斯兰教、基督教、天主教）活动场所，具体包括寺院、宫观、清真寺、教堂及其他固定宗教处所。
	大型超市-百货店-亿元以上商品交易市场	包括有店铺的零售业态大型超市、百货店和亿元以上商品交易市场。
政府综合减灾资源	涉灾政府部门	中央、省、市、县级应急管理、地震、气象、水利、自然资源、林草、农业、交通运输、住房和城乡建设等涉灾部门。
	政府专职、综合性（和企业专职）消防救援队伍	辖区内的综合性消防队伍（消防中队）、政府专职消防队、企事业单位专职消防队。
	森林消防队伍	辖区内的森林消防队伍。
	航空护林站队伍	辖区内的航空护林站。
	地震专业救援队伍	辖区内的地震专业救援队伍。
	矿山/隧道行业救援队伍	辖区内的矿山/隧道行业救援队伍。
	危化/油气行业救援队伍	辖区内的危化/油气行业救援队伍。

续表

调查对象种类	调查对象小类	对象范围
政府综合减灾资源	海事救援队伍	海事（包括海域和内陆水域）行业救援队伍。
	救灾物资储备库（点）	各级应急管理、民政、气象、水利、粮食和物资储备等部门认定的救灾物资储备基地、储备库和储备点。
	灾害应急避难场所和渔船避风港	辖区内的灾害应急避难场所和渔船避风港。
企业与社会力量减灾资源	大型救援装备企业	生产抢险救援、地震救援、消防救援、矿山救援、应急通讯、交通事故救援等救援设备的大型生产企业，从事土木工程、建筑工程等施工活动的中央、省级大型企业等。
	保险和再保险企业	经保险监管部门批准设立，并依法登记注册的各类商业保险公司（保险+再保险），以及保险公司申请设立，依法经营保险业务的分公司、县级支公司。
	社会应急力量	全国范围内在各级民政部门登记管理、主要开展防灾减灾救灾和应急救援业务的社会组织，以及各级红十字会组织。
基层综合减灾资源	乡镇（街道）	辖区内所有街道、乡镇。
	行政村（社区）	辖区内所有社区、行政村。
自然灾害次生危险化学品事故危险源	化工园区	辖区内在建或建成的化工园区。
	危险化学品企业	（1）化工园区内所有企业；（2）未处于化工园区的危险化学品生产企业、取得危险化学品使用许可证的使用企业、取得危险化学品仓储经营许可证的仓储经营企业、构成重大危险源的储存企业（加油站、加气站、不含仓储的经营企业、运输企业等除外）。
自然灾害次生非煤矿山事故危险源	地下矿山	依法开办和生产经营、证照齐全在建设和在生产的金属非金属地下矿山、金属非金属露天矿山和尾矿库。其中，与煤伴生的铝土矿、已停产的金属非金属矿山、四等及以下已闭库尾矿库，不列入此次普查范围。
	露天矿山	
	尾矿库	
自然灾害次生煤矿事故危险源	煤矿	全国各类煤矿企业，包括建设、技改和生产的井工煤矿和露天煤矿。

6.3　系统功能

多指标漏报检测系统，依据文件《1-承灾体_公共服务设施调查技术规范_20200430》和《全国自然灾害综合风险普查应急管理系统普查任务清查工作手册》中对清查范围的规定，通过高德地图和百度地图的POI接口采集点位数据，结合正则表达式和中分分词技术实现了原有数据与采集数据之间的对比，以判断是否有漏报。系统的具体工作流程如图6.1所示。首先对我们收集的原始填报数据（从应急管理部的全国自然灾害综合风险普查系统导出的内蒙古自治区赤峰市巴林右旗的普查数据清单，如图6.2所示）进行整理，获取其中的名称、关键词序列和行政区名称/代码分别形成机构名称集、关键词库和四级行政区名称/代码库，再利用Python语言编程创建高德地图和百度地图的Web API请求获取点位数据结果集，此外还通过百度企业信用官网、赤峰市巴林右旗人民政府官网以及百度百科收集了部分数据，将机构名称集、关键词库和四级行政区名称/代码库与点位数据结果集与点位数据结果集的数据进行对比，以发现是否有漏报现象，并创建漏报结果集。在进行对比之前，系统对机构名称集、关键词库和四级行政区名称/代码库与点位数据结果集与点位数据结果集进行了同义词处理和中文分词处理，具体处理方式如下：

（1）针对所有原始填报的普查数据做如下处理：

（a）关键字过滤：对于含有不符合要求关键字的记录进行删除；

（b）机构名称行政区划提取分解：精确到县级单位。例如，将"巴林右旗大风车艺术幼儿园"分解为"内蒙古"（省级）、"赤峰市"（市级）、"巴林右旗"（县级）和"大风车艺术幼儿园"（名称）。

（2）针对从高德地图和百度地图中获取到的名称做如下规范化处理：

（a）标点和无用信息去掉（如，东门，公交车站等方位信息）；

（b）利用正则表达式匹配的方式将括号内除分支机构、分公司以外的冗余信息，连同括号一并去掉；

（c）行政区划名称不完整的一律补全。

（3）数据过滤特殊处理：

（a）按照每个模块的筛除关键字进行筛除。例如商场超市模块：对注册资金过少的超市商场进行剔除；对于煤矿模块：根据公司经营范围，对于只进行销售，没有矿资源采选等业务的公司进行剔除；对于乡镇、社区减灾能力模块：名称后面有后缀的，对于办事处和管理办公室之外的进行剔除。

（4）机构名称分词处理：

（a）学校模块：使用正则表达式匹配的方式，将"第X小学"与"X小"、"第X中学"与"X中"认定为同义词。

（b）医疗卫生模块：使用正则表达式匹配的方式，将"*医医院"与"*医院"认定为同义词。

（c）景区、文化场所模块：名称会出现很大误差，所以特殊处理，通过地点名称的关键词进行匹配，例如，"内蒙古赛罕乌拉国家级自然保护区"与"赛罕乌拉自然生态和辽文化旅游度假区"为同一景点。

（d）保险企业模块：将其机构名称分解为两部分分别进行匹配处理，公司名称部分进行精确匹配，分支机构部分进行模糊匹配。

（e）乡镇、村级减灾能力模块：通过高德地图和百度地图所采集的机构名称和原始表中填报的名称会出现个别同音字的误差，这种情况下，检测拼音相同的即为同一机构。

（f）矿山模块：与矿山相关的信息，统一按照"矿"关键字收集公司数据，根据公司经营范围，判别矿的类型（地下、露天、尾矿），然后进行公司名称检测，对原始填报表中公司名称的一些后缀信息进行屏蔽。

6.4　漏报检测结果展示

6.4.1　漏报检测总体情况展示

为了更加直观地显示漏报检测结果，我们实现了十七个模块〔具体包括以下几个大类十七个小类：公共服务设施类：学校、医疗卫生机构、提供住宿的社会服务机构、公共文化场所、旅游景区、星级饭店、宗教活动场所、大型超市-百货店-亿元以上商品交易市场；政府综合减灾资源类：涉灾政府部门、政府专职和综合性（和企业专职）消防救援队、救灾物资储备库（点）；企业与社会力量减灾资源类：保险和再保险企业；基层综合减灾资源类：乡镇（街道）、行政村（社区）；自然灾害次生非煤矿山事故危险源类：地下矿山、露天矿山、尾矿库。］的检测结果汇总。漏报检测结果汇总情况如图6.2所示。

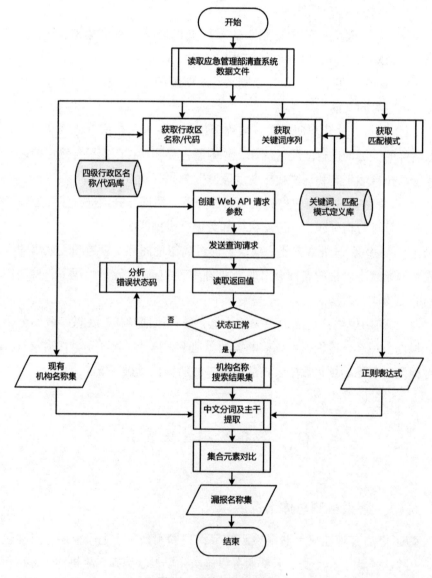

图6.1　系统工作流程图

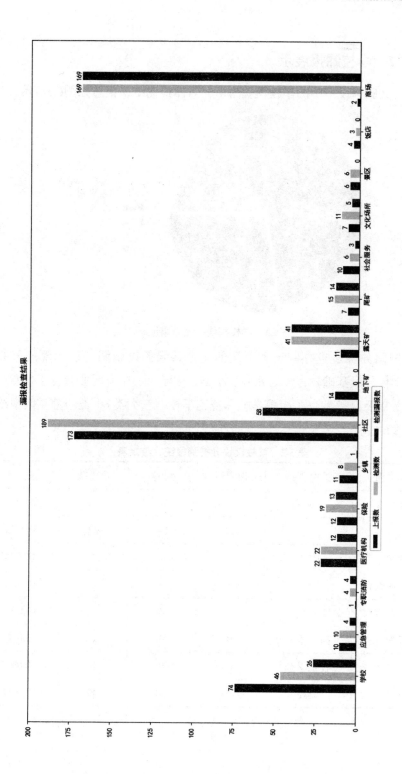

图6.2 漏报检测结果汇总情况

6.4.2　学校漏报展示

以公共服务设施中的学校模块为例，具体检测结果汇总如图6.3所示。

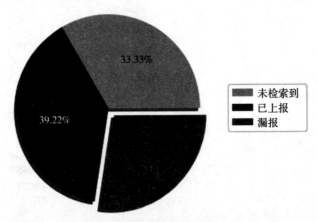

图6.3　学校模块检测结果汇总

依据国务院普查办制定和下发的《公共服务设施调查技术规范》的要求，将学校分成基础教育（幼儿园、小学、中学）、中等职业教育（中专和职业高中）以及高等教育（高等学校和技工学校）三大类7小类，分类漏报统计结果如表6-2所示。

表6-2　学校模块分类漏报统计结果表

调查类别	类别名称	搜索数	上报数	覆盖数	漏报率
基础教育	幼儿园	32	14	12	5.88%
基础教育	小学	24	24	22	0.77%
基础教育	中学	6	6	6	0.00%
中等职业教育	中专	5	0	0	10.00%
中等职业教育	职业高中	6	0	0	10.00%
高等教育	高等学校	0	0	0	0.0%
高等教育	技工学校	0	0	0	0.0%
总计	学校	68	74	40	27.45%

表6-2各个字段的含义说明如下：

（1）搜索数：根据清查手册规定，在互联网上搜集到的所有可能符合规定的数据；

（2）上报数：上交的表格中填写的记录数目；

（3）覆盖数：互联网上的数据和上报表格中可以模糊匹配的记录数；

（4）漏报率：互联网搜到的数据在上交表格中没有的记录数与互联网搜到的所有记录数与上报表格中互联网没有搜到数据总和的比值。

对学校样表的漏报检测处理结果如图6.4所示。其中，被标记为黄色的学校名称表示该学校在百度信用官网可以搜索到，但是在上报上的文件中没有，属于漏报。

名称	地域	经营范围	注册资本	省	城市	区域名称	机构类型	数据来源	检查结果
巴林右旗大板第一中学	巴林右旗大板镇巴林路东教育园区	实施初中义务、高中学历教育，促进8万	0万	内蒙古自	赤峰市	巴林右旗	中学	百度信用	有
巴林右旗大板蒙古族中学	巴林右旗大板镇	实施初中义务教育，促进基础教育	0万	内蒙古自	赤峰市	巴林右旗	中学	百度信用	有
巴林右旗大板第五中学	巴林右旗大板镇益和诺尔街东段		0万	内蒙古自	赤峰市	巴林右旗	中学	百度信用	缺
巴林右旗大板第四中学	巴林右旗大板镇	实施初中义务教育，促进基础教育	0万	内蒙古自	赤峰市	巴林右旗	中学	百度信用	有
巴林右旗大板第二中学	巴林右旗大板镇巴林路东林苑一期南	实施初中义务教育，促进基础教育	0万	内蒙古自	赤峰市	巴林右旗	中学	百度信用	有
巴林右旗大板蒙古族小学	内蒙古自治区赤峰市巴林右旗大板镇巴林	实施小学义务教育，促进基础教育	0万	内蒙古自	赤峰市	巴林右旗	小学	百度信用	有
巴林右旗幸福之路蒙授中心小学	巴林右旗幸福之路苏木	实施小学义务教育，促进基础教育	0万	内蒙古自	赤峰市	巴林右旗	小学	百度信用	有
巴林右旗大板实验小学	巴林右旗大板镇宋郊	实施小学义务教育，促进基础教育	0万	内蒙古自	赤峰市	巴林右旗	小学	百度信用	有
巴林右旗大板第九小学	巴林右旗大板镇园街西段	实施小学义务教育，促进基础教育发	0万	内蒙古自	赤峰市	巴林右旗	小学	百度信用	有
巴林右旗索博日嘎镇中心小学	巴林右旗索博日嘎镇塔西村	实施小学义务教育，促进基础教育	0万	内蒙古自	赤峰市	巴林右旗	小学	百度信用	有
巴林右旗大板铁路小学	巴林右旗大板火车站南	实施小学义务教育，促进基础教育发	0万	内蒙古自	赤峰市	巴林右旗	小学	百度信用	有
巴林右旗大板第六小学	巴林右旗大板镇摩斯他拉村	实施小学义务教育，促进基础教育	0万	内蒙古自	赤峰市	巴林右旗	小学	百度信用	有
巴林右旗宝日勿苏镇中心小学	巴林右旗宝日勿苏镇	实施小学义务教育，促进基础教育发	0万	内蒙古自	赤峰市	巴林右旗	小学	百度信用	缺
巴林右旗巴彦塔拉苏木中心小学	巴林右旗巴彦塔拉苏木	实施小学义务教育，促进基础教育	0万	内蒙古自	赤峰市	巴林右旗	小学	百度信用	有

图6.4　学校样表漏报检测处理结果

6.4.3　医疗卫生机构漏报展示

以公共服务设施中的医疗卫生机构模块为例，具体检测结果汇总如图6.5所示。

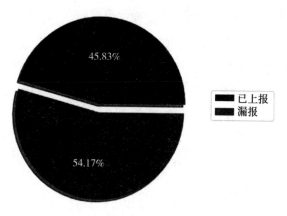

已上报
漏报
45.83%
54.17%

图6.5　医疗卫生机构模块检测结果汇总

对医疗卫生机构样表的漏报检测处理结果如图6.6所示。其中，被标记为黄色的医疗卫生机构名称表示该机构通过百度信用官网可以搜索到，但是在上报上的文件中没有，属于漏报。

名称	地址	经营范围	注册资本	数据来源	省	城市	区域名称	机构类型	检查结果
巴林右旗医院	巴林右旗大板镇巴林路东	为人民身体健康	0万	百度信用	内蒙古自治	赤峰市	巴林右旗	医院	有
巴林右旗德康医院	巴林右旗大板镇大板街北	为人民身体健康	0万	百度信用	内蒙古自治	赤峰市	巴林右旗	医院	缺
巴林右旗德康中医医院	内蒙古自治区赤峰市巴林右旗大板镇北	许可经营项目：	0万	百度信用	内蒙古自治	赤峰市	巴林右旗	医院	有
巴林右旗妇幼保健计划生育服务中心	巴林右旗大板街东段路南	为妇女儿童身体	0万	百度信用	内蒙古自治	赤峰市	巴林右旗	妇幼保健	缺
巴林右旗大板镇社区卫生服务中心	巴林右旗大板镇巴林路北段东侧	为控制结核病的	0万	百度信用	内蒙古自治	赤峰市	巴林右旗	病防治	有
巴林右旗核病防治所	巴林右旗大板镇巴林路北段			百度信用	内蒙古自治	赤峰市	巴林右旗	病预防	有
巴林右旗疾病预防控制中心	巴林右旗大板镇巴林路北段		0万	百度信用	内蒙古自治	赤峰市	巴林右旗	社区卫生	缺
巴林右旗大板镇社区卫生服务站	内蒙古自治区赤峰市巴林右旗大板镇北	全科医学科、预	8.0万	百度信用	内蒙古自治	赤峰市	巴林右旗	计划生育	缺
巴林右旗计划生育协会	巴林右旗大板镇巴林路西	宣传计划生育药	0万	百度信用	内蒙古自治	赤峰市	巴林右旗	计划生育	缺
巴林右旗索博日嘎镇计划生育服务中心	巴林右旗索博日嘎镇	为搞好计划生育	0万	百度信用	内蒙古自治	赤峰市	巴林右旗	计划生育	缺
巴林右旗幸福之路苏木计划生育服务中心	巴林右旗幸福之路苏木	为搞好计划生育	0万	百度信用	内蒙古自治	赤峰市	巴林右旗	计划生育	缺
巴林右旗宝日勿苏镇计划生育服务中心	巴林右旗宝日勿苏镇	为搞好计划生育	0万	百度信用	内蒙古自治	赤峰市	巴林右旗	计划生育	缺
巴林右旗彦琥硕镇计划生育服务中心	巴林右旗彦琥硕镇	为搞好计划生育	0万	百度信用	内蒙古自治	赤峰市	巴林右旗	计划生育	缺
巴林右旗计划生育服务站	巴林右旗大板镇巴林路北段		0万	百度信用	内蒙古自治	赤峰市	巴林右旗	计划生育	缺
巴林右旗西拉沐沦苏木计划生育服务中心	巴林右旗西拉沐沦苏木	为搞好计划生育	0万	百度信用	内蒙古自治	赤峰市	巴林右旗	计划生育	缺
巴林右旗大板镇计划生育服务中心	巴林右旗大板镇	为搞好计划生育	0万	百度信用	内蒙古自治	赤峰市	巴林右旗	计划生育	缺
巴林右旗查干诺尔镇计划生育服务中心	巴林右旗查干诺尔镇	为搞好计划生育	0万	百度信用	内蒙古自治	赤峰市	巴林右旗	计划生育	缺
巴林右旗赛罕街道办事处人口和计划生	大板镇街西段赛罕街道办事处办公	为搞好计划生育	0万	百度信用	内蒙古自治	赤峰市	巴林右旗	计划生育	缺
巴林右旗达尔罕街道办事处人口和计划生	原教师进修校	为搞好计划生育	0万	百度信用	内蒙古自治	赤峰市	巴林右旗	计划生育	缺
巴林右旗巴彦塔拉苏木计划生育服务中心	巴林右旗巴彦塔拉苏木	为搞好计划生育	0万	百度信用	内蒙古自治	赤峰市	巴林右旗	计划生育	缺
巴林右旗查干沐沦苏木计划生育服务中心	巴林右旗查干沐沦苏木	为搞好计划生育	0万	百度信用	内蒙古自治	赤峰市	巴林右旗	计划生育	缺
巴林右旗妇幼保健所	大板镇大板街东段南侧			百度	内蒙古自治	赤峰市	巴林右旗	妇幼保健	缺

图6.6 医疗卫生机构样表漏报检测处理结果

6.5 系统的应用价值分析

针对内蒙古普查阶段填报的数据，进行规范性和正确性检验的基础上，为潜行应急管理部关于风险普查"不重不漏"的原则，开发了多指标漏报检测系统。以内蒙古普查阶段的8项承灾体6项综合减灾资源（能力）、3项重点隐患为核验对象，有效地实现了试点辖区的学校、医疗卫生结构、提供住宿的社会服务机构、公共文化场所、旅游景区、星级饭店、宗教活动场所、大型超市、百货店和亿元以上商品交易市场等8大承灾体，以及涉灾政府部门、消防救援队伍、救灾物资储备库、保险企业、乡镇单元、行政村单元等6项减灾资源，地下矿山、露天矿山和尾矿3项重点隐患的漏报检测。前期的实验证明该系统所采用的技术手段合理、有效、准确。这一经验模式是多要素综合质检系统的有效补充，达到了"应查尽查、不重不漏"的目的，并且具有普适性，该方法是可复制可推广的。

第七章 逐一指标数据的双重质检系统开发

依据普查试点阶段4个大类、11个中类、23个小类填报内容所涉指标、可供开放的网络资源以及本团队清查阶段积累的数据和经验，由于各个表中的表项的值存在着较大差异，技术支撑团队采取计算机程序自动化审核和人工审核相结合的手段对填报数据按字段进行逐一指标检测，总共发现23张表格，共1305行、948列67328个单元格存在数据。

7.1 开发背景及意义

数据质量是普查工作的核心，在普查清查阶段刚刚开始，赤峰市普查办就发现数据质量不高或数据存在问题，而且比较普遍，类型也比较多，如清查对象位置错误、名称不规范、行政区划代码错误等等。因此，在数据采集阶段，在巴林右旗旗、乡、村（单位、企业）三级审核的基础上，建立"专家技术团队+行业部门专业人员"分阶段现场抽样审核机制，将数据采集分成多个阶段，每一个阶段都进行集中数据审核，同时大幅提高抽样率，随时发现问题、解决问题，着重优化组织实施方式和工作流程，避免将大量问题带入下一阶段。进而全面提升数据的准确性、规范性、真实性、有效性和合理性。针对赤峰市试点普查数据的特点，建立"专家团队+市应急局+旗县应急局"三方面联审机制，共同研讨确定指标阈值及指标之间的逻辑关系，反复迭代修订校验规则，实现精细质检。

7.2 质检思路及流程

7.2.1 前期准备

在该阶段，团队组织核心成员研读技术规范，下沉一线，到内蒙古试点旗县进行现场调研，包括资料完整性核验，特别是对历史年度数据的收集和整理过程及遇到的问题和困难进行调研，对填报情况进行调研，对调研情况进行总结汇报，与旗县应急局和市应急局共同研讨形成初步审核方案。本次数据质量检查按照应急管理系统4个大类，11个中类，23个小类逐一指标进行，将23个小类中共有的指标列为通用字段，包括机构名称、统一社会信用代码/机构编码、机构地址、填报人联系电话等，进行通用字段检测，其余字段逐一制定校验规则。

（1）通用字段检测

机构地址沿用清查阶段的质检规则，依据技术规范，部分表不要求精确到门牌号，适当调整程序编码进行检测。利用信用中国、CDSO机构代码等，采用Python等编程技术，以社会信用代码为基础，反向验证机构名称。对无法查询的，采用机构名称正向验证社会信用代码。

（2）逐一指标制定校验规则

依据技术规范，针对23个小类中各个指标的差异性，逐一指标制定校验规则，经过专家团队、市应急局及试点旗县应急局共同研讨确定指标阈值及指标之间的逻辑关系，获取异常值。

7.2.2 系统迭代开发和逐步改进

根据三方制定的数据审核方案，制定数据校验规则，编程实现系统功能。

利用质检系统对内蒙古试点的填报数据进行测试质检，形成自动化检测结果，针对该检测结果中的每项数据进行全面的人工审核，专家团队与市应急局共同商讨研判指标阈值及指标之间的逻辑关系，再次修订校验规则，依据校验规则再次修改程序，针对检测结果进行第三次人工审核。以保证数据质量。

7.2.3 形成质检结果

系统自动化生成审核结果文档，对问题数据用不同颜色标出，并以批注的形式标明问题所在；生成自动化质检报告。团队撰写了人工质检报告。在数据审核过程中，发现技术规范存在某些不合理的地方，提出了修订建议，供国务院普办参考，并为国务院普办提供审核思路。

7.3 结果展示

7.3.1 公共服务设施承灾体质检报告

公共服务设施承灾体模块数据填写质量整体分析如表7-1所示。

表7-1 公共服务设施承灾体模块数据填写质量整体分析表

说明 调查模块	问题字段		30%以上错误率的字段		50%以上错误率的字段		抽样字段		30%以上抽样率的字段		50%以上抽样率的字段	
	数量	占比	数量	占比	数量	占比	数量	占比	数量	占比	数量	占比
学校	14	34.15%	10	24.39%	8	19.51%	7	17.07%	1	2.44%	0	0.00%
医疗卫生机构	10	20.83%	6	12.50%	4	8.33%	8	16.67%	1	2.08%	0	0.00%
提供住宿的社会服务机构	6	18.18%	3	9.09%	2	6.06%	5	15.15%	2	6.06%	2	6.06%
公共文化场所	6	18.75%	3	9.38%	2	6.25%	10	31.25%	3	9.38%	2	6.25%
旅游景区	8	24.24%	5	15.15%	2	6.06%	10	30.30%	1	3.03%	1	3.03%
星级饭店	4	12.50%	3	9.38%	0	0.00%	5	15.62%	4	12.50%	0	0.00%
体育场馆	7	20.59%	7	20.59%	7	20.59%	3	8.82%	3	8.82%	3	8.82%
宗教活动场所	1	3.12%	1	3.12%	1	3.12%	6	18.75%	6	18.75%	6	18.75%
大型超市	6	19.35%	4	12.90%	3	9.68%	8	25.81%	7	22.58%	4	12.90%

以学校模块为例，具体审核结果分析如下，数据填写质量分析如表7-2所示。其中，问题数据分布情况分析如图7.1所示。

表7-2　学校数据质量分析表

说明	数量	占比
问题字段	14	34.15%
30%以上错误率的字段	10	24.39%
50%以上错误率的字段	8	19.51%
抽样字段	7	17.07%
30%以上抽样率的字段	1	2.44%
50%以上抽样率的字段	0	0.00%

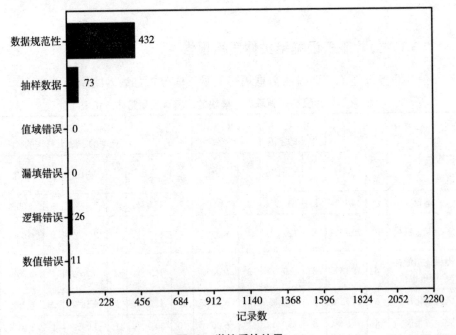

图7.1　学校质检结果

· 标准参考：风险普查技术规范公共服务设施（学校）部分内容。

· 检测字段：全字段、逐一指标。

· 发现问题：

（1）7条培训机构类可能超出了技术规范的要求。

（2）14条学校名称编写不规范。

（3）5条地址不规范。

（4）1条校舍建筑面积取值超范围。

（5）6条万元以上设备台（套）数不符合与教学、科研仪器设备资产值之间的逻辑关系。

（6）3条需核验教职工人数。

（7）3条需核验教室用房建筑面积。

（8）4条需核验室外运动场地面积。

（9）27条需核验专职校医人数。

（10）4条需核验安全保卫人员数量。

（11）5条需核验单位负责人信息。

7.3.2 综合减灾能力质检报告分析

综合减灾能力模块数据填写质量整体分析如表7-3所示。

表7-3 综合减灾能力模块数据填写质量整体分析表

调查模块 说明	问题字段		30%以上错误率的字段		50%以上错误率的字段		抽样字段		30%以上抽样率的字段		50%以上抽样率的字段	
	数量	占比	数量	占比	数量	占比	数量	占比	数量	占比	数量	占比
政府灾害管理能力	7	10.77%	1	1.54%	0	0.00%	1	1.54%	1	1.54%	0	0.00%
综合性、政府专职和企业专职消防救援队伍与装备	5	13.16%	5	13.16%	5	13.16%	0	0.00%	0	0.00%	0	0.00%
森林消防队伍与装备	1	3.45%	0	0.00%	0	0.00%	3	10.34%	2	6.90%	1	3.45%
救灾物资储备库（点）	6	15.79%	6	15.79%	4	10.53%	0	0.00%	0	0.00%	0	0.00%
应急避难场所	7	22.58%	4	12.90%	4	12.90%	1	3.23%	1	3.23%	0	0.00%
乡镇（街道）综合减灾资源（能力）	3	8.33%	1	2.78%	1	2.78%	2	5.56%	0	0.00%	0	0.00%
社区（行政村）综合减灾资源（能力）	3	8.33%	1	2.78%	1	2.78%	12	33.33%	3	8.33%	3	8.33%
社会应急力量综合减灾资源	4	5.88%	4	5.88%	4	5.88%	1	1.47%	1	1.47%	1	1.47%

以综合减灾能力调查中的政府减灾能力模块为例，具体审核结果分析如下所述，数据填写质量分析如表7-4所示。其中，问题数据分布情况分析如图

7.2所示。

表7-4　政府减灾能力数据质量分析表

说明	数量	占比
问题字段	7	10.77%
30%以上错误率的字段	1	1.54%
50%以上错误率的字段	0	0.00%
抽样字段	1	1.54%
30%以上抽样率的字段	1	1.54%
50%以上抽样率的字段	0	0.00%

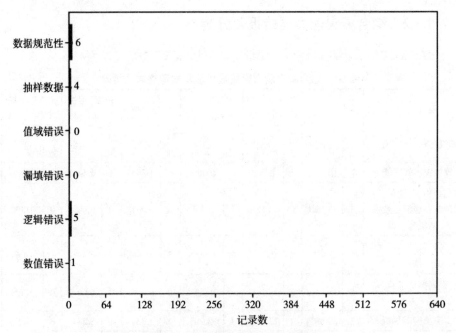

图7.2　政府减灾能力质检结果

· 参考标准：风险普查技术规范政府灾害管理能力部分内容。

· 检测字段：全字段、逐一指标。

· 发现问题：

（1）1条名称可能有误。

（2）1条灾害管理人员总数可能超出范围。

（3）4条需核验灾害相关预案总数。

（4）1条误填"预案2制定或最新修订的时间"。

（5）1条预案名称填写不规范。

7.3.3 重点隐患质检报告分析

重点隐患模块数据填写质量整体分析如表7-5所示。

表7-5 重点隐患模块数据填写质量整体分析表

说明 调查模块	问题字段		30%以上错误率的字段		50%以上错误率的字段		抽样字段		30%以上抽样率的字段		50%以上抽样率的字段	
	数量	占比	数量	占比	数量	占比	数量	占比	数量	占比	数量	占比
地下矿山	7	16.28%	2	4.65%	2	4.65%	6	13.95%	4	9.30%	3	6.98%
地下矿山附表——井口台账信息	4	33.33%	1	8.33%	1	8.33%	2	16.67%	2	16.67%	1	8.33%
地下矿山附表——废石场台账信息	5	26.32%	3	15.79%	0	0.00%	1	5.26%	1	5.26%	1	5.26%
露天矿山	4	10.26%	2	5.13%	2	5.13%	4	10.26%	1	2.56%	0	0.00%
露天矿山附表——排土场台账信息	4	21.05%	1	5.26%	0	0.00%	1	5.26%	1	5.26%	0	0.00%
尾矿库	2	5.71%	1	2.86%	1	2.86%	2	5.71%	0	0.00%	0	0.00%
加油加气站	4	25.00%	1	6.25%	1	6.25%	2	12.50%	1	6.25%	1	6.25%

以重点隐患调查中的地下矿山模块为例，具体审核结果分析如下所述。地下矿山及其两个附表（井口台账数据和废石场数据）的数据填写质量分析分别如表7-6、7-7和7-8所示。其中，地下矿山及其两个附表（井口台账数据和废石场数据）的问题数据分布情况分析分别如图7.3、7.4和7.5所示。

表7-6 地下矿山数据质量分析表

说明	数量	占比
问题字段	7	16.28%
30%以上错误率的字段	2	4.65%
50%以上错误率的字段	2	4.65%
抽样字段	6	13.95%
30%以上抽样率的字段	4	9.30%
50%以上抽样率的字段	3	6.98%

表7-7 地下矿山井口台账数据质量分析表

说明	数量	占比
问题字段	4	33.33%
30%以上错误率的字段	1	8.33%
50%以上错误率的字段	1	8.33%
抽样字段	2	16.67%
30%以上抽样率的字段	2	16.67%
50%以上抽样率的字段	1	8.33%

表7-8 地下矿山废石场数据质量分析表

说明	数量	占比
问题字段	5	26.32%
30%以上错误率的字段	3	15.79%
50%以上错误率的字段	0	0.00%
抽样字段	1	5.26%
30%以上抽样率的字段	1	5.26%
50%以上抽样率的字段	1	5.26%

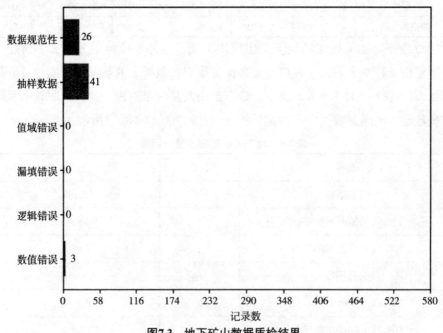

图7.3 地下矿山数据质检结果

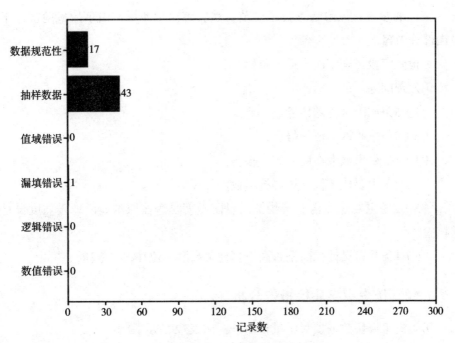

图7.4　地下矿山井口台账数据质检结果

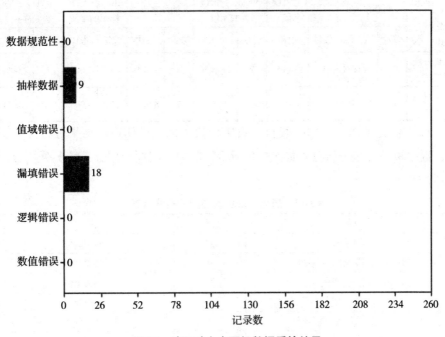

图7.5　地下矿山废石场数据质检结果

·标准参考：风险普查技术规范自然灾害次生非煤矿山事故危险源地下矿山部分内容。

·检测字段：全字段、逐一指标。

·发现问题：

（1）5条矿山名称需核验。

（2）3条采矿许可证编号有误。

（3）1条单班最大在岗人数需核验。

（4）4条主要建（构）筑物抗震设防烈度需核验。

（5）2条主要建（构）筑物抗震设防烈度是否按照本地区地震烈度设计需核验。

（6）1条井口设计标高是否高于当地最高洪水位1m以上漏报。

7.3.4　历史灾害质检报告分析

历史灾害模块数据填写质量整体分析如表7-9所示。

表7-9　历史灾害模块数据填写质量整体分析表

说明 调查模块	问题字段		30%以上错误率的字段		50%以上错误率的字段		抽样字段		30%以上抽样率的字段		50%以上抽样率的字段	
	数量	占比	数量	占比	数量	占比	数量	占比	数量	占比	数量	占比
历史一般自然灾害	27	54.00%	9	18.00%	9	18.00%	4	8.00%	1	2.00%	1	2.00%
年度自然灾害	17	21.52%	3	3.80%	3	3.80%	7	8.86%	0	0.00%	0	0.00%

以历史灾害调查中的一般自然灾害模块为例，具体审核结果分析如下所述，数据填写质量分析分别如表7-10所示。其中，问题数据分布情况分析分别如图7.6所示。

表7-10　历史一般灾害数据质量分析表

说明	数量	占比
问题字段	27	54.00%
30%以上错误率的字段	9	18.00%
50%以上错误率的字段	9	18.00%
抽样字段	4	8.00%
30%以上抽样率的字段	1	2.00%
50%以上抽样率的字段	1	2.00%

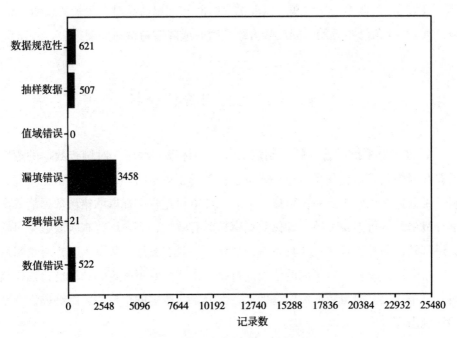

图7.6 历史一般灾害数据质检结果

· 标准参考：风险普查技术规范。

· 检测字段：全字段、逐一指标。

· 发现问题：

（1）43条同一灾种，发生在同一天内未合并填报。

（2）6条降雹持续时间与降雹开始时间和降雹结束时间三者逻辑关系错。

（3）5条灾害状态为"受灾有数据"，但相应的致灾因子值填写0，需核验。

（4）1条灾种为干旱，受灾人口数需核验。

（5）1条灾种为"地震"，紧急转移安置人口和需紧急生活救助人口值相等，错误。

（6）45条过程累积雨量和过程最大日雨量的值需核验。

（7）3条低温过程最低气温需核验。

（8）1条过程暴雨日数需核验。

（9）65条降雹持续时间或降雹开始时间或降雹结束时间漏报。

（10）9条日最大风速和日极大风速逻辑关系需核验。

（11）3条低温开始时间或低温结束时间或低温持续时间漏报。

119

（12）2条低温开始时间、低温结束时间和低温持续时间逻辑关系错误。

（13）4条降雪开始时间或降雪结束时间或降雪持续时间漏报。

7.4　系统的应用价值分析

针对应急系统的普查任务制定的逐一指标审核程序，对调查数据的逻辑关系和表内表间指标关系进行快速审核，节约了审核时间，缩短了审核流程，提升了数据审核效率。系统审核结束后，对审核过程中抓取的错误数据清单和抽样清单，进行人工复核，确保数据审核的有效性，为全面普查阶段数据审核提供基础。另外，该系统还具备两种功能：一是在数据采集录入时，对逻辑错误的数据终止录入，对可能的错误进行核对提醒，对不确定的数据进行抽样提醒；二是在建立海量数据库的基础上，部分录入数据的审核后，能够提供参考的正确内容。

第八章 行政区划数据采集与审核系统开发

8.1 开发背景及意义

在行政区划校正阶段，由于行政区划的数据量过大，尤其是对市级和自治区级层面的审核，人工校正无法实现，迫切需要开发自动化行政区划数据采集与审核系统，以实现区划名称错别字的自动检测、名称与代码对应关系的自动检测，并提供正确名称和点位信息。

8.2 开发流程

首先确定采集与审核的对象，精确到"县—乡—村"三级，其次确定采集的指标，具体包括区划名称、区划代码、行政驻地的点位信息，然后确定数据源，具体包括国家统计局的统计代码、惠民网的代码及百度POI。再利用爬虫技术实现开源数据的爬取，再构建行政区划数据库，最后利用质检算法实现数据校验，具体开发流程如图8.1所示。

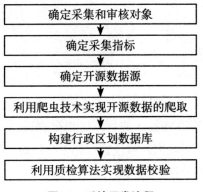

图8.1 系统开发流程

8.3 系统功能概述

通过对政府服务网上行政区划数据的采集发现我国的23个省、5个自治区、4个直辖市、2个特别行政区中，省级单位的行政区划数量较少，比较固定，而地市级单位，对于不同类别的省级单位可能会有所不同，内蒙古自治区的行政区划也具有一定的特殊性，我们针对内蒙古自治区的行政区划构建了精确到村的行政区划数据库，包含各级行政区域的名称以及行政区划代码。针对任意机构，若名称中含有行政区划信息的，将会和行政区划库的进行对比，给出完整标准的行政区划信息，通过这种方式，可以实现行政区划代码重复性检测。

8.4 结果展示

A 区划代码	B 区划名称	C 经度	D 纬度	E 核对代码	F 核对名称	G 核对经	H 核对纬
150404408	松城街道	118.9023	42.31012	代码待确认	名称待确认	经度准确	纬度准确
150404408001	星光天地社区	118.9028	42.30855	代码待确认	名称待确认	经度准确	纬度准确
150423204	查干沐沦苏木	118.5057	43.71698	代码待确认	名称待确认	经度准确	纬度准确
150423204200	毛敦敦达嘎查	118.289	43.82855	代码待确认	名称待确认	经度准确	纬度准确
150423204201	珠腊沁嘎查	118.2686	43.87265	代码待确认	名称待确认	经度准确	纬度准确
150423204202	查干沐沦嘎查	118.2443	43.92651	代码待确认	名称待确认	经度准确	纬度准确
150423204203	巴彦锡那村	118.4292	43.8922	代码待确认	名称待确认	经度准确	纬度准确
150423204204	达马金村	118.3156	43.95957	代码待确认	名称待确认	经度准确	纬度准确
150423204205	岗根村	118.2859	43.79608	代码待确认	名称待确认	经度准确	纬度准确
150423204206	沙巴尔台嘎查	118.5124	43.71528	代码待确认	名称待确认	经度准确	纬度准确
150423204207	塔本花嘎查	118.5145	43.73823	代码待确认	名称待确认	经度准确	纬度准确
150423204208	呼特勒嘎查	118.5816	43.65744	代码待确认	名称待确认	经度准确	纬度准确
150423204209	胡勒斯图布朗嘎	118.3943	43.72575	代码待确认	名称待确认	经度准确	纬度准确
150423204210	查干锡热嘎查	118.4021	43.59819	代码待确认	名称待确认	经度准确	纬度准确
150423204211	浩伊日毛都嘎查	118.3506	43.70451	代码待确认	名称待确认	经度准确	纬度准确
150424402498	工业园区虚拟社区	118.052	43.55405	代码待确认	名称待确认	119.0153	42.93931

图8.2 行政区划数据质检结果

利用该系统对赤峰市旗县区的行政区划数据进行审核，将审核结果用颜色标出，褐色数据为错误数据，黄色数据为需要核对数据，浅绿色数据为抽样数据，并提供参考正确数据。

8.5 系统的应用价值分析

以赤峰市的2500多条行政区划数据为例，使用该系统进行审核只需30分钟，发现49条社区代码与名称不匹配、251条社区点位信息有误。而人工审核的话，按单人每条数据需要5分钟，且每天工作8小时算，审核2500多条数据单人至少需要30天才能完成，且不能保证100%正确（表8-1）。另外我们也用呼伦贝尔市全部区划数据、四川省××县应急系统数据对该系统进行了检验，效果超出预期，这也表明了该系统具有普适性。

表8-1 人工审核与程序审核效果对比表（以赤峰市2500+条行政区划数据为例）

审核效率 审核方式	人工审核	程序审核
用时	30天（按单人，每天工作8小时计）	30分钟
发现错误数据量	49条社区代码与名称不匹配 251条社区点位信息有误	不能保证
正确率	100%	不能保证100%

第九章　系统维护与应用

系统投入使用后，对其进行相应的维护是不可缺少的，目的是为了使其能更好地适应普查数据采集和质检的新要求和新变化，延长软件系统的生命期，降低开发成本，使其发挥应有的效益。系统维护通常包括完善性维护、适应性维护、纠错性维护和预防性维护。所谓完善性维护是指在软件的使用过程中，为了满足用户对软件提出的新功能与性能要求，以扩充软件功能、增强软件性能、提高软件运行效率和可维护性而进行的维护活动。有研究和实践表明，完善性维护的工作量占整个维护工作的50%。面向自然灾害综合风险普查的数据采集、质控和质检系统在使用中也要不断修改程序，使其适应权限和数据不断变化的开源网站，适应国普办最新发布的数据采集技术规范和数据质检规则的变化。

9.1　系统维护

9.1.1　开源网站权限变更后的系统维护

面向自然灾害风险普查的数据采集系统，通过对开源网站数据的爬取，构建了包含调查对象名称、地址、统一信用代码、机构代码、行政区划代码等信息的关键词数据库和行政区划数据库，保持数据库的持续更新才能更好地为普查提供服务。数据库更新的重点和难点在于POI数据的更新，由于POI数据存在结构多样化、类型繁杂、有效信息缺失等问题，给数据的更新带来很大的困难。网络POI数据更新的过程中，几乎所有的完整的POI数据都具有名称、地址、空间位置三个基本的属性。我们用名称、地址、空间位置的相似度的大小表示可以进行匹配的两个相近的POI对象，相似度越大，则这两个POI对象为同一实体的概率性越大。为此，我们采取如下策略实现POI数据更新：

增量式网络爬虫。通过该方法定期的监控爬取列表中的网站是否存在数据更新的情况，当网页上有新的数据更新时，会对新数据进行爬取，以保证数据的唯一性和实时性，同时自动过滤掉无用的信息。增量式网络爬虫的目标是确保数据是最新的。

基于名称相似度的POI匹配。该方法用来衡量两个POI对象名称属性的相似度。虽然POI的名称字段都较短，但是没有明显的规则并且缺乏语义特征。POI名称相似度就是简单的中文字符串相似度的计算，而中文字符串相似度的计算已经十分成熟，并且广泛地应用于各种中文信息的检索中。

基于中文地址相似度的POI匹配。该方法通过计算两个POI对象地址的相似性。POI地址属性是通过自然语言表达其空间地理位置的一种文本化形式。

基于空间位置相似度的POI匹配。POI数据的第三个重要属性就是经纬度，经纬度和地址属性一样，都是描述POI的地理位置的，只是表达方式不同而已。计算两个POI的经纬度的相似度是确定两个POI是否为同一实体的另一种方法。

9.1.2 技术规范更新后的系统维护

自2020年9月30日，第一次全国自然灾害综合风险普查47项调查类技术规范下发后，全国122个试点县市在试用验证中提出了许多具体的意见和建议。国务院普查办组织各主要成员单位进行认真研究和修订，对某些规范的指标的内涵进行了修订，并根据实际情况增删了个别技术规范。为适应技术规范的更新和变化，应及时更新和修改数据采集和审核系统。

9.1.3 国家质检规则更新后的系统维护

依据国灾险普办发〔2020〕14号文件（第一次全国自然灾害综合风险普查数据与成果汇交和质量审核办法（试行））的要求，调查数据审核工作遵循应急管理部门逐级向上纵向汇交、普查办综合审核相结合的原则。调查数据质量控制遵循关口前移原则，确保填报内容符合应急管理系统制定的各相应技术规范要求。数据审核坚持线上质检和线下核查相结合、软件审核与人工审核相结合、分级审核和汇总审核相结合方式。质检重点在于通过计算机软件系统全面检查数据的完整性、规范性、合理性和一致性；通过人工质检全面检查数据来源的合理规范、关键指标的完整准确合理、调查对象的坐标精度、不同数据的对比检查及软件反馈的疑似错误数据等。国家制定了一套数据质检规则，我们在进行数据审核系统开发的时候，应首先参考国家制定的质检规则，调整技术支撑团队的数据审核规则，并在此基础上，结合内蒙古试点普查数据的实际填报情况和数据特征对国家质检规则进行补充和细化。

9.2　系统应用

在内蒙古试点数据采集初期，从采集的数据看，出现了普查对象位置错误、名称不规范、行政区划代码错误、数据漏报及重复填报等情况，例如，同一调查内容提交两份不同数据，鉴于此，将信息化手段用到数据采集过程中，从数据采集源头把控质量，并对填报数据进行逐一指标的审核，保证数据质量。

数据采集阶段进行源头质控。对普查样表进行了二次开发，将数据逻辑嵌入到表格中，如果填报数据不符合逻辑，表格即不能录入或提示错误，确保采集质量。这一经验模式实现了在数据采集源头把控质量，并且具有普适性，该方法是可复制可推广的。

利用爬虫技术形成调查对象目录清单，使得调查工作省时省力。依据调查对象，综合利用爬虫技术和自然语言处理技术和算法建立包含机构名称、地址、统一社会信用代码、机构编码等信息的关键词数据库和行政区划数据库，形成普查数据清单，提前下发到调查单位，解决采集过程中"应查尽查、不重不漏"的问题。在调查过程中，会出现常识认知应该在某一行业部门主管的数据可能会在其他部门，例如，某试点地区的宾馆、旅游区等行业主管部门不是文化旅游局，而是水库管理局，一部分幼儿园的登记管理部门不是教育局，而是民政局；再如在行政区划调查过程中，民政部门提供的名称不是规范性名称，特别是民族地区，地名往往是音译，名称错误情况特别普遍。利用基于开源数据的自动化采集系统，可以有效解决上述问题，可实现普查数据基本信息的自动化填报，且正确率是100%。

（3）逐一指标数据审核系统是对国家开发的质检系统的进一步细化和补充，形成符合地方实情的更细的质检规则，保证数据质量。针对应急系统的普查任务，制定逐一指标的审核程序，对调查数据的逻辑关系和表内表间指标关系进行快速审核，节约了审核时间，缩短了审核流程，提升了数据审核效率。系统审核结束后，对审核过程中抓取的错误数据清单和抽样清单，进行人工复核，确保数据审核的有效性，为全面普查阶段数据审核提供基础。在程序开发之前，我们针对内蒙古某试点普查数据的4个大类，11个中类，23个小类的实际填报情况，设计制定了审核方案。制定了逐一指标的审核规则，从数据完整性、合理性和规范性的角度，对每一个指标进行考量，逐一设计不同的质检规则，开发程序。再利用普查数据跑程序，获得第一次审核结果，针对该自动化检查结果，专家技术团队与行业部门专业人员对接，经过十几天的沟通和反馈，对每一个指标的审核规则再一次进行研判和修订，最终实现了对初步形成的审核方案的二次修订，如此反复迭代，最终完成了该质检系统的开发。该系统的价值在于一是能快速准确地找到问题数据；二是生成自动化质检报告。

针对应急普查任务的数据采集和质检系统不仅适用于内蒙古，在全国范围内也同样适用。

9.3　系统开发环境

操作系统：Windows 10；

开发语言：Python；

开发工具：Pycharm集成开发平台。

结束语

　　内蒙古"第一次全国自然灾害风险普查"技术支撑团队在内蒙古试点普查阶段，坚持问题导向，充分发挥专业技术优势和科研技术水平，为普查数据的准确性、规范性、真实性、有效性和合理性提供重要保障，保证了内蒙古试点普查工作的高效开展。在"数据采集与质控"方面取得了佳绩，这些手段和经验为内蒙古自治区普查及国务院第一次全国自然灾害综合风险普查领导小组办公室提供了数据采集和质检思路，并受到了国普办的高度评价。在第一次普查全面铺开阶段，我们会再接再厉，为本次普查尽绵薄之力。

参考文献

[1] 史培军. 我国综合防灾减灾救灾事业回顾与展望 [J]. 中国减灾, 2016 (19): 16-19.

[2] 全国自然灾害综合风险普查技术总体组, 史培军, 汪明, 廖永丰. 全国自然灾害综合风险普查工程（一）开展全国自然灾害综合风险普查的背景 [J]. 中国减灾, 2020 (01): 42-45.

[3] 史培军. 提升中国综合灾害风险防范能力 [J]. 地理教育, 2017 (12): 1.

[4] 史培军. 全面提高设防水平与能力 综合应对各类自然灾害 [J]. 科技导报, 2017, 35 (16): 11.

[5] 史培军. 推进综合防灾减灾救灾能力建设——学习《中共中央 国务院关于推进防灾减灾救灾体制机制改革的意见》的体会 [J]. 中国减灾, 2017 (03): 24-26.

[6] 史培军. 论我国减灾科学技术与减灾业的发展 [J]. 中国减灾, 1994 (01): 19-22.

[7] 史培军. 再论灾害研究的理论与实践 [J]. 自然灾害学报, 1996 (04): 8-19.

[8] 史培军. 三论灾害研究的理论与实践 [J]. 自然灾害学报, 2002 (03): 1-9.

[9] 史培军. 四论灾害系统研究的理论与实践 [J]. 自然灾害学报, 2005 (06): 1-7.

[10] 仪垂祥, 史培军. 自然灾害系统模型——I: 理论部分 [J]. 自然灾害学报, 1995 (03): 6-8.

[11] 汪明. 推进自然灾害综合风险普查 创新防灾减灾救灾和应急管理模式 [N]. 中国应急管理报, 2021-05-29 (003).

[12] 罗国亮. 新中国减灾60年 [J]. 北京社会科学, 2009 (05): 73-79.

[13] 灾害应急处置与综合减灾 [M]. 北京: 北京大学出版社, 李立国, 2007.

[14] 罗国亮. 灾害应对与中国政府治理方式变革研究 [D]. 南开大学, 2010.

[15]钟开斌. 螺旋式上升: "国家应急管理体系" 概念的演变与发展 [J]. 中国行政管理, 2021 (05): 122-129.

[16]国家应急管理体系: 框架构建、演进历程与完善策略 [J]. 钟开斌. 改革. 2020 (06).

[17]黄明在全国应急管理工作会议上强调 深入学习贯彻习近平总书记关于应急管理重要论述 全力防控重大安全风险 奋力推进应急管理体系和能力现代化 [J]. 中国应急管理, 2020 (01): 5-6.

[18]中国应急管理的全面开创与发展 [M]. 国家行政学院出版社, 《中国应急管理的全面开创与发展 (2003-2007) 》编写组, 2017.

[19]突发事件应急管理基础 [M]. 北京: 中国石化出版社, 王宏伟, 2010.

[20]肖晞, 陈旭. 公共卫生安全应急管理体系现代化的四重含义——以新冠肺炎疫情防控为例 [J]. 学习与探索, 2020 (04): 25-34+173.

[21]钟开斌. 灾害综合风险评估的国际经验与启示 [J]. 中国应急管理, 2021 (05): 78-81.

[22]宋树华, 张敏, 陈东, 刘远刚, 王曼曼, 吕新生, 苏洪梅. 浅析房山区自然灾害综合风险普查实施方法 [J]. 城市与减灾, 2021 (03): 29-33.

[23]汪明, 李志雄, 史培军. 全面推进第一次全国自然灾害综合风险普查 着力提升防范化解重大灾害风险能力 [J]. 中国减灾, 2021 (09): 18-21.

[24]山东市中: 扎实推进第一次全国自然灾害综合风险普查工作 [J]. 中国减灾, 2021 (05): 29.

[25]汪明. 第一次全国自然灾害综合风险普查总体技术体系解读 [J]. 城市与减灾, 2021 (02): 2-4.

[26]专家权威解读第一次全国自然灾害综合风险普查 [J]. 吉林劳动保护, 2020 (05): 11-12.

[27]乔铭. 市级自然灾害综合风险普查的 "滨州经验" [J]. 中国减灾, 2021 (07): 36-39.

[28]张学华, 廖永丰, 崔燕, 阿多. 第一次全国自然灾害综合风险普查软件系统简介 [J]. 城市与减灾, 2021 (02): 58-64.

[29]王曦. 凝聚力——灾害综合风险防范问题探究的 "新思路" [J]. 中国减灾, 2020 (21): 32-33.

[30] 冯双剑. 第一次全国自然灾害综合风险普查工作 全面推开做好准备了吗? [J]. 中国应急管理, 2020 (12): 10-13.

[31] 郑国光. 开展全国自然灾害综合风险普查 摸清灾害风险隐患底数 筑牢自然灾害防治工作基础 [J]. 城市与减灾, 2021 (02): 1.

[32] 聂千川, 曾炯虎. 株洲市: 开展第一次自然灾害综合风险普查 [J]. 湖南安全与防灾, 2021 (02): 54.

[33] 湖北夷陵: 第一次全国自然灾害综合风险普查试点工作稳步推进 [J]. 中国减灾, 2021 (07): 35.

[34] 杨赛霓. 自然灾害综合风险评估 [J]. 城市与减灾, 2021 (02): 44-48.

[35] 迟娟, 田宏. 我国自然灾害的空间分布及风险防范措施研究 [J]. 城市与减灾, 2021 (01): 35-39.

[36] 史铁花, 王翠坤, 朱立新. 承灾体调查中的房屋建筑调查 [J]. 城市与减灾, 2021 (02): 24-29.

[37] 于希令. 聚力打造灾害综合风险普查 "岚山模式" [J]. 城市与减灾, 2021 (02): 49-53.

[38] 国务院普查办技术组2021年第三次全体会议审议通过部分评估类技术规范 [J]. 中国减灾, 2021 (05): 26.

[39] 国务院第一次全国自然灾害综合风险普查领导小组办公室. 第一次全国自然灾害综合风险普查实施方案 (修订版) (国灾险普办发〔2021〕6号). 2021-04-07.

[40] 中国电建集团北京勘测设计研究院有限公司. 内蒙古自治区第一次全国自然灾害综合风险普查实施方案. 2021.1

[41] 赤峰学院·环境演变与灾害应急管理研究科研创新团队, 赤峰学院·国土空间规划与灾害应急管理重点实验室, 巴林右旗第一次自然灾害综合风险普查实施方案, 2021.1.

[42] 赤峰学院·环境演变与灾害应急管理研究科研创新团队, 赤峰学院·国土空间规划与灾害应急管理重点实验室, 巴林右旗第一次自然灾害综合风险普查工作方案, 2021.1.

[43] 住房和城乡建设部. 市政设施承灾体普查技术导则, 2021.4.

[44] 住房和城乡建设部. 城镇房屋建筑调查技术导则, 2021.4.

[45]住房和城乡建设部.农村房屋建筑调查技术导则,2021.6.

[46]应急管理部.公共服务设施调查技术规范,2021.4.

[47]交通运输部.自然灾害综合风险公路承灾体普查技术指南,2021.4.

[48]应急管理部.历史年度自然灾害灾情调查技术规范,2021.4.

[49]应急管理部.重大历史自然灾害调查技术规范,2021.4.

[50]应急管理部.政府减灾能力调查技术规范,2021.4.

[51]应急管理部.企业与社会组织减灾能力调查技术规范,2021.4.

[52]乡镇与社区综合减灾能力调查技术规范,2021.4.

[53]应急管理部.家庭减灾能力调查技术规范,2021.4.

[54]应急管理部.非煤矿山自然灾害承灾体调查技术规范,2021.4.

[55]应急管理部.煤矿自然灾害承灾体调查技术规范,2021.4.

[56]应急管理部.危险化学品自然灾害承灾体调查技术规范,2021.4.

[57]刘亮.面向多语种的多源POI融合系统的设计和实现[D].中国科学院大学（中国科学院大学人工智能学院）,2020.

[58]陈雨晖,皮洲,姜滕圣,李响,王震,奚雪峰,吴宏杰,付保川.基于知识图谱的中文地址匹配方法研究[J/OL].计算机工程与应用:1-10[2021-07-07].http://kns.cnki.net/kcms/detail/11.2127.tp.20210419.1437.065.html.

[59]酒心愿.基于众源地理数据的酒店个性化推荐研究[D].山东科技大学,2020.

[60]吴鹏.多源异构数据融合分析视角下的城市功能分区方法研究[D].中国科学院大学(中国科学院东北地理与农业生态研究所),2020.

[61]单双利.POI中文地址模糊匹配技术研究与实现[D].苏州大学,2020.

[62]魏世尧.基于迁移学习的城市酒店选址研究[D].北京交通大学,2020.

[63]魏伟.城市地址地名数据库建设[J].电子世界,2020(14):63-64.

[64]唐春雷.基于大数据的社区医疗设施供需匹配研究[D].上海应用技术大学,2020.

[65]叶扬.基于轨迹数据的武汉市私家车出行规律及出行画像研究[D].武汉大学,2020.

[66]李鹏飞.基于互联网地理信息的公共服务平台POI数据增量更新研究[D].兰州交通大学,2020.

［67］线传福. 多源异构POI数据清洗及融合方法研究［D］. 云南大学, 2019.

［68］薛冰, 李京忠, 肖骁, 谢潇, 逯承鹏, 任婉侠, 姜璐. 基于兴趣点（POI）大数据的人地关系研究综述: 理论、方法与应用［J］. 地理与地理信息科学, 2019, 35（06）: 51-60.

［69］邵蕾. 网络POI数据增量更新技术研究［D］. 兰州交通大学, 2016.

［70］杨月. Python网络爬虫技术的研究［J］. 电子世界, 2021（10）: 57-58.

［71］叶惠仙, 游金水. Python语言在大数据处理中的应用［J］. 网络安全技术与应用, 2021（05）: 51-54.

［72］陈皓, 周传生. 基于Python和Scrapy框架的网页爬虫设计与实现［J］. 电脑知识与技术, 2021, 17（13）: 3-5.

［73］依力·吐尔孙, 艾孜尔古丽. 基于Python的美食数据爬取及可视化研究［J］. 电脑知识与技术, 2021, 17（10）: 19-20+29.

［74］郑承良. 互联网地理信息爬虫技术研究与应用［D］. 山东农业大学, 2017.

［75］孙士琦, 汤鲲. 基于BERT的中文地址分词方法［J］. 电子设计工程, 2021, 29（09）: 155-159.

［76］李晓林, 张懿, 周华兵, 李霖. 基于C-F模型的中文地址行政区划辨识方法［J］. 计算机工程与设计. 2018（07）

［77］王佳楠, 梁永全. 中文分词研究综述［J］. 软件导刊, 2021, 20（04）: 247-252.

［78］李继红, 徐桂珍, 江珊, 王洪江. 文章关键词和标题分词多样性及其绘制知识图谱的比较［J］. 知识管理论坛, 2021, 6（01）: 46-55.

［79］叶晓龙. 中文分词关键技术研究［J］. 湖北农机化, 2017（06）: 54-55.

［80］Paring with Tag Information in a probabilistic generalized LR parser. Jian-Cheng Dai, Hsi-Jian Lee. International Conference on Chinese Computing. 1994.

［81］Chinese Word Segmentation through constraint satisfactionand statistical optimization. Chang Jyun-Shen, C-D. Chen, Shun-De Chen. Proc. of ROCLING IV.

［82］A stochastic finite-state word segmentation algorithm for Chinese. Sproat R, Shih C, Gale W, Chang N. Computational Linguistics. 1996.

［83］Large-corpus-based methods for Chinese personal name recognition. Chang,

Jyun-Shen, Shun-De Chen, Ying Zhen, Xian-Zhong Liu, Shu-Jin Ke. Journal of Chinese Information Processing . 1992.

[84] 姚路. 中文分词算法在地址标准化清洗中的应用 [J]. 中国高新科技, 2020 (20): 126-128.

[85] 亢孟军, 杜清运, 王明军. 地址树模型的中文地址提取方法 [J]. 测绘学报, 2015, 44 (01): 99-107.

[86] 孙存群, 周顺平, 杨林. 基于分级地名库的中文地理编码 [J]. 计算机应用, 2010, 30 (07): 1953-1955+1958.

[87] 郭文龙. 基于SNM算法的大数据量中文地址清洗方法 [J]. 计算机工程与应用, 2014, 50 (05): 108-111.

[88] 吕欢欢. 基于地理信息公共服务平台的语义地名地址匹配方法研究 [D]. 辽宁工程技术大学, 2014.

[89] 汪文妃, 徐豪杰, 杨文珍, 吴新丽. 中文分词算法研究综述 [J]. 成组技术与生产现代化. 2018 (03).

[90] 成于思, 施云涛. 面向专业领域的中文分词方法 [J]. 计算机工程与应用. 2018 (17).

[91] 方玉萍, 万荣, 方达. 中文分词中歧义字段处理的研究 [J]. 电子世界, 2019 (12): 54-55.

[92] 张文静, 张惠蒙, 杨麟儿, 荀恩东. 基于Lattice-LSTM的多粒度中文分词 [J]. 中文信息学报, 2019, 33 (01): 18-24.

[93] 王玮. 基于Bi-LSTM-6Tags的智能中文分词方法 [J]. 计算机应用. 2018 (S2).

[94] 张文涛. 命名实体识别任务针对中文的适应性研究 [J]. 现代计算机, 2020 (28): 12-16.

[95] 张恒源. 基于Trie树的最大长度匹配分词的Python实现 [J]. 电子制作, 2020 (18): 56-58.

[96] 王勇, 周松, 邢策梅. HMM的地名地址时空数据引擎构建方法 [J]. 测绘科学, 2020, 45 (10): 161-167.

[97] 伊德里斯. Python数据分析 [M]. 人民邮电出版社, 201602. 335.

[98] 孔海朋, 刘韶庆. 基于Python的高速动车组车载数据降维方法实现 [J]. 软

件, 2020, 41 (01) : 114-117.

[99] 赵炫炫, 闫晗, 李保杰, 邱文平, 王梦雨. Python Arcpy与Numpy在土地集约利用中的应用——以江苏省为例 [J]. 测绘地理信息, 2020, 45 (01) : 87-90.

[100] 杨凯利, 山美娟. 基于Python的数据可视化 [J]. 现代信息科技, 2019, 3 (05) : 30-31+34.

[101] 高鸿斌, 申肖阳. Python数据分析技术综述 [J]. 邯郸职业技术学院学报, 2018, 31 (04) : 49-51.

[102] 胡前防, 连鹏伟, 陈乾坤. Python在统计数据处理中的应用 [J]. 市场研究, 2019 (08) : 33-35.

[103] 石晓颖. 基于知识图谱和机器学习的污染源普查数据审核 [D]. 北京化工大学, 2020.

[104] 段小江. 基于Model Builder的地理国情监测数据采集更新方法研究与应用 [D]. 昆明理工大学, 2019.

[105] 黄亮. 基于开源软件的网站开发方法完善与应用研究 [D]. 北京交通大学, 2016.

[106] 许家珆, 白忠建, 吴磊. 软件工程——理论与实践 (第3版) [M]. 北京: 高等教育出版社, 2017.

[107] 游莹. 地理国情普查数据成果档案元数据管理研究 [D]. 郑州航空工业管理学院, 2019.

[108] 顾蕾. 辽宁省地理国情普查数据库管理与应用服务系统的开发与实现 [J]. 测绘与空间地理信息, 2018, 41 (02) : 102-105.